今日から モノ知り シリーズ

トコトンやさしい

プラスチック成形の本

横田　明

わたしたちの身の周りにはプラスチック製品があふれており、空気のように意識しない存在になっていると思います。ただプラスチックは新しい材料なので、木材や金属といったこれまでの材料とは違う性質を持っています。この性質を考慮して考え出されたのがプラスチック成形なのです。

B&Tブックス
日刊工業新聞社

はじめに

我々の日常生活で、プラスチックはすでに当たり前の、空気のような存在になっているのではないでしょうか。皆さんの周りを見てください。コンビニで買うコーラやお茶のペットボトル、シャンプーの容器、お菓子の袋、部屋のなかにあるテレビ、洗濯機、冷蔵庫の筐体（ケース）もプラスチックですし、会社に行けばパソコンの筐体やキーボード、コピー機、自動車のインストルメントパネル（インパネ）やドア、携帯電話など、ありとあらゆるところにもプラスチックが使われていることに、あらためて驚きます。

英語のプラスチックには本来の意味に、「可塑」があります。これについては、本文でも説明しますが、現在では、プラスチックの本来の言葉の意味の「可塑」からは離れた意味になっています。現在では、皆さんがプラスチックと聞いて、感じる意味に変化しているのです。可塑状態のものでなくても、プラスチックと感じている、そのプラスチックの意味です。言葉というのは、もともと、人間が、ものを表現する道具として発達してきたものです。ですので、時代によって、ものの概念が変化してくると、それに伴って言葉の意味も変化していきます。

漢字も、もともとは、象形文字から発達してきましたが、現在では目にすることのないものからできた漢字もあります。

本文を読み進んでいくとわかると思いますが、プラスチックを使って、ものを作るというプラスチック成形は、古くて新しいものなのです。古いという理由は、プラスチックが発明される前にも、同じような成形方法が存在していたからです。プラスチック成形も、その応用であり延長なのです。

しかし、プラスチックは新しい材料なので、以前の材料とは違う性質を持っています。この性質を考えながら、進歩、淘汰されてきたのが、現在のプラスチック成形なのです。

プラスチック成形にも、いろいろなものがありますが、もしかすると、将来、分子構造も自由に作ることができて、3Dプリンターも超高速で安くできるようになれば、すべてのプラスチック成形は、ひとつに統一されてしまうかも知れません。現在では、まだ夢のような話ですが……。

筆者が小さいころは、「我々が生きている間には、色のついたテレビ（カラーテレビ）は出現不可能だろう」とさえいわれていました。今では、それどころか、壁にかけられるテレビや、スマートフォンやタブレットのように、持ち歩ける時代にまでなっています。

このような最先端の製品から考えると、プラスチックの成形は、まだまだ原始的なものなので、今後大きく変化した新しい方法も出現してくるかも知れません。ただ、モノづくりは、工学的にも経済的にも効率的な方法が選択されるので、そのまま現状の成形方法も生き残っていくかも知れません。原始的であっても、経済的に効率的であれば生き残ります。皆さんにも、そのような観点でも、いろいろなプラスチック成形というものを知ってもらえれば幸いです。

本書に関しましては、日刊工業新聞社の野﨑伸一氏に当初よりアドバイスをいただき、やっと出版にこぎつけることができましたことを感謝致します。

2014年3月

技術士・プラスチック成形特級技能士　横田　明

トコトンやさしい

プラスチック成形の本

目次

目次 CONTENTS

第1章 プラスチックとプラスチック成形

第2章 注射器とねじで加工する射出成形

第3章

トコロテンに似た押出し成形

第7章 接着と溶着

第8章 加飾

第9章 プラスチック成形品のリサイクル

第1章

プラスチックとプラスチック成形

1 セルロイドの成形方法

最初の熱可塑性プラスチック

歴史上初めて工業化された人工のプラスチックであるセルロイドは、象牙から作られていたビリヤードボールの代替材料として誕生しました。ビリヤードの玉は象一頭から8個程度しか作ることができず、大量の象が殺されていた時代のことでした。このことを懸念したビリヤード玉の製造会社が、象牙の代替となる材料の開発に賞金を賭けたのです。そして、イギリス人のアレキサンダー・パークスと、アメリカ人のジョン・ウェスリー・ハイアットという人がこの代替材料を発明して、1870年に商標登録したのがセルロイドなのです。

セルロイドは、樟脳とニトロセルロースというものを混ぜて作られます。加熱すると粘土のように柔らかくなって加工しやすくなります。そして形を作って冷やして固めると、セルロイド製品ができあがります。セルロイドは本来象牙の代替だったので高価でしたが、時代の経過とともに安価に製造できるようになり、その後いろいろなセルロイド製品が作られるようになりました。

作り方としては、セルロイドの板を切り貼りして加工した風車の羽などのようなもの、セルロイドを熱湯で熱して柔らかくして、型に押し込んでピンポン玉などの形を作るもの、二枚の板を熱して、それを型に入れ、間に空気を吹き込んでふくらませて作った人形や動物などのもの、などがあります。後ほど詳しく説明しますが、これらの成形方法は現在でもいろいろなプラスチックの成形に同じように使われています。

ところが、セルロイドは燃えやすいという欠点を持っていることが災いし、アメリカで火事が多発しました。それ以降、法律が見直されてセルロイドが使われなくなり、セルロイドに代わる代替プラスチックが作られるようになりました。そのため、今ではほとんどセルロイドを日常目にすることがなくなりました。ただ、現在でもピンポン玉はセルロイドで作られています。

要点BOX
- ●プラスチックの起源は、セルロイド
- ●セルロイドは象牙の代替から始まる
- ●セルロイドは燃える

セルロイドの誕生

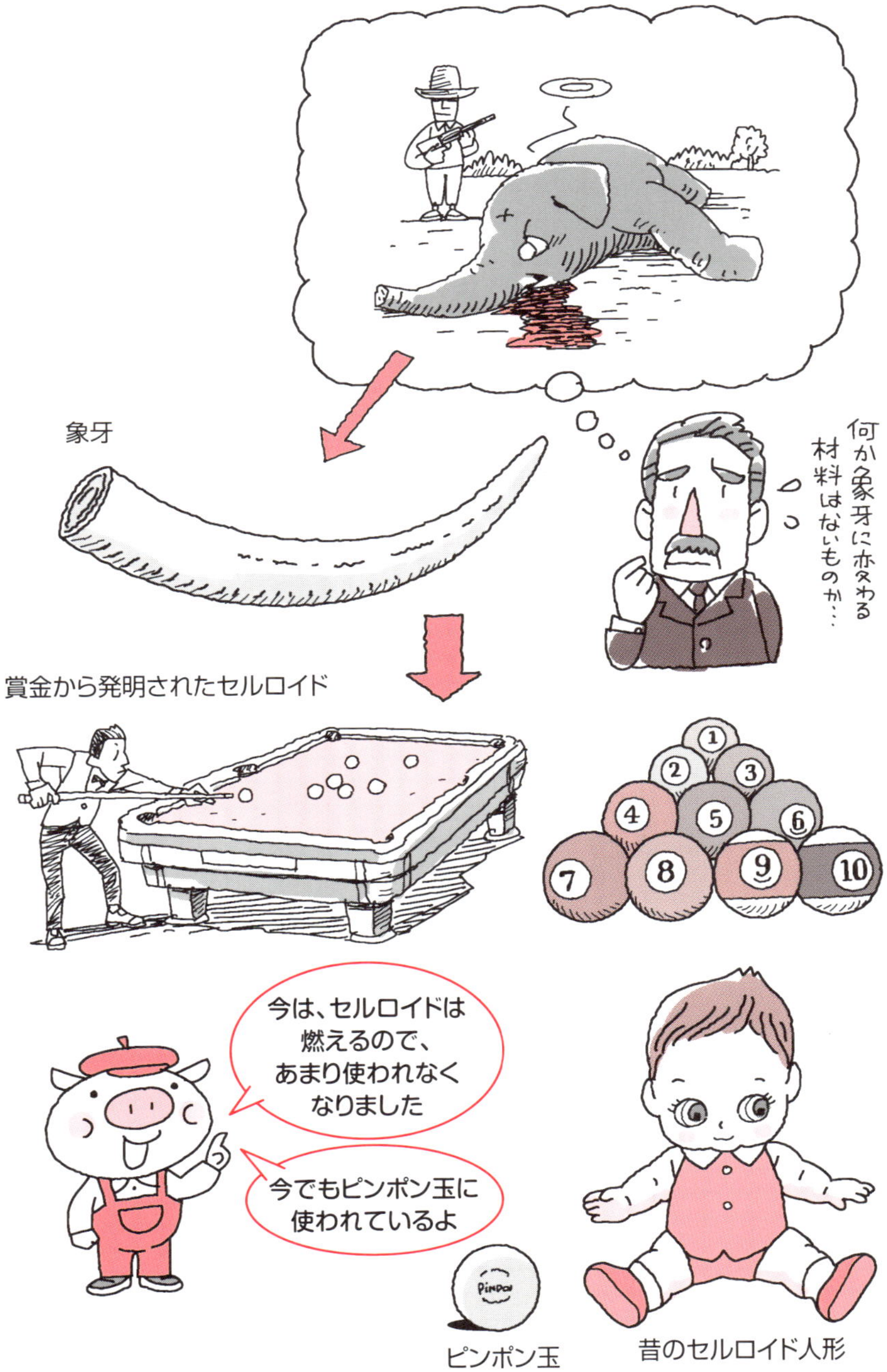
象牙
何か象牙に変わる
材料はないものか…
賞金から発明されたセルロイド
1
2
3
4
5
6
7
8
9
10
今は、セルロイドは
燃えるので、
あまり使われなく
なりました
今でもピンポン玉に
使われているよ
ピンポン玉
昔のセルロイド人形

2 プラスチックとその成形方法のいろいろ

成形方法は身の周りの方法

プラスチックといっても、セルロイドのように温めると柔らかくなって粘土のように形を変えやすくなり、そのあと冷やせば固まるものばかりではありません。使用するときには固体ですが、製品となる前の状態は、粘土のようなものである場合や、水のような液体である場合……と、いろいろな場合があります。切ったり、張り合わせたりして作る方法もありますが、このような単純な方法は別にしても、プラスチック成形法は、プラスチックになる前の材料によっても成形方法が違ってきます。

まず成形時の材料の様子から考えてみましょう。先ほどの粘土のようなものだと、型に入れて形を作ることができます。水のような液体だと、コンクリートのように、型枠で囲まれた空間に流し込んで固める方法になるでしょう。また、繊維のようなものに染み込ませて固めるということも可能でしょうが、ちょっとネバっぽくなると染み込ませて作ることは難しくなります。しかし、粘っこくなれば、モルタルのように混ぜ合わせればいいでしょう。溶けたガラスのような水飴状であれば、ガラス細工のように吹いてふくらませて作る方法も考えられます。水のような状態だと、すぐに破裂してしまうので、この方法は使えません。このように、材料の状況により制限されます。

次は、製品の形状から考えてみましょう。花瓶のように内部が空洞になっている形の場合には、外側を型で囲って風船のようにふくらませて形を整えるやり方や、液体や粉を型の内壁にまとわりつかせても成形が可能です。金太郎飴のように、どこを切っても同じ形でいいのであれば、トコロテンのように押し出して作る方法が適しているでしょう。電線のようなものが入っている場合には、これを引き抜きながら作る方法もあります。これらいろいろなプラスチックの成形法を知るには、まずプラスチックがどんなものなのかを知る必要があります。まずは簡単に見ていきましょう。

要点BOX
- プラスチックの成形は、日常身の周りで見られる方法と同じ
- 材料や目的によって方法が違ってくる

身の周りで見る成形のいろいろ

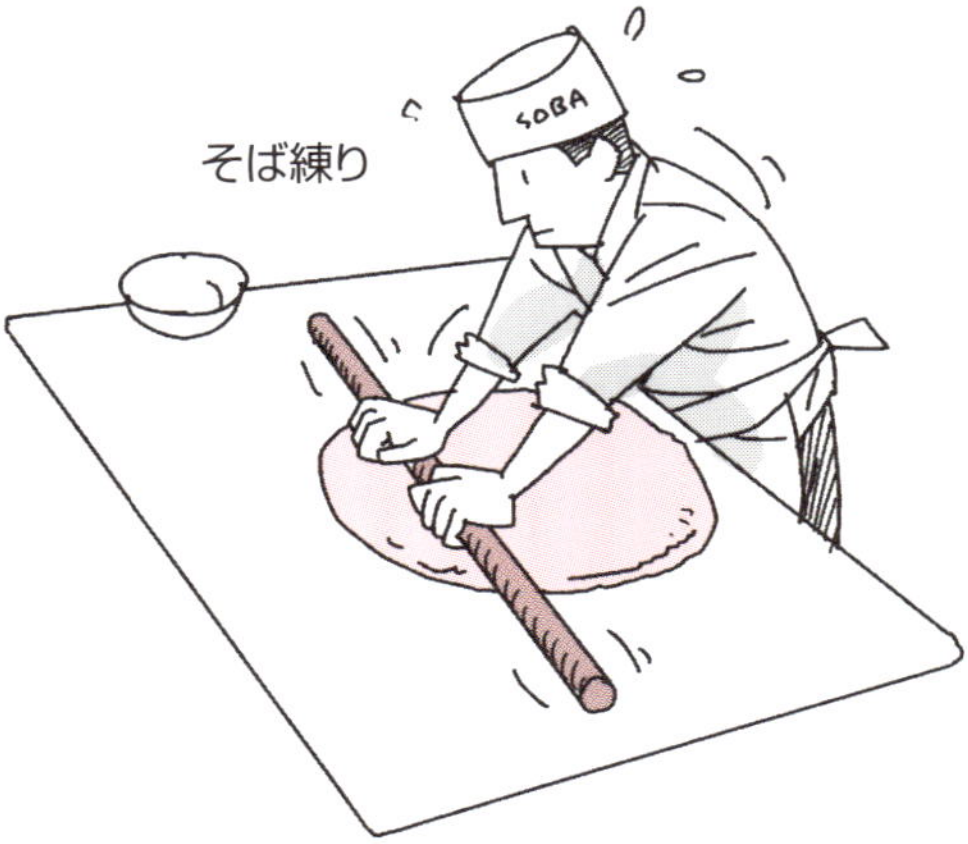

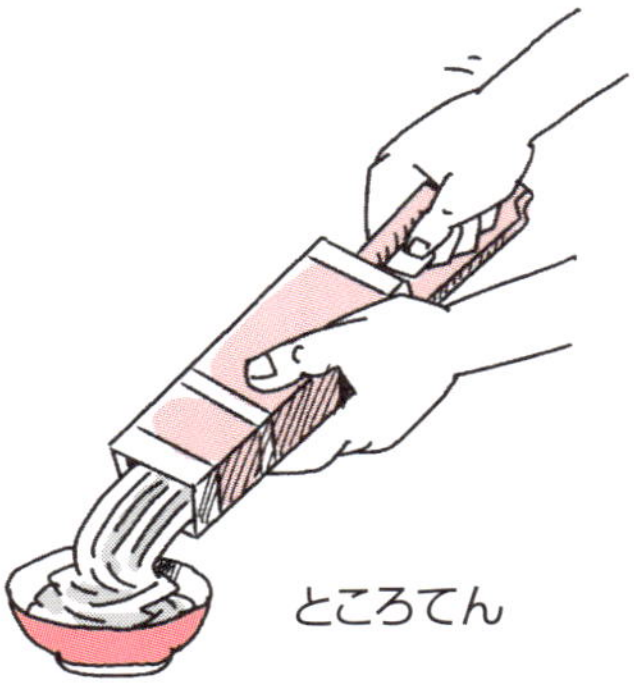

3 いろいろなプラスチック（その1）

簡単な構造のポリエチレン

プラスチックとは、人工の高分子のことをいいます。高分子には、天然のものもあります。タンパク質や、松脂（まつやに）などの樹脂やDNA（デオキシリボ核酸）も天然の高分子ですし、我々の体も高分子でできています。松脂のような木（樹）の脂を樹脂と呼びますが、プラスチックも樹脂と呼ばれています。高分子は、分子がつながって大きな分子になったものです。そのなかで、紐（ひも）状につながって大きく（長く）なったものがプラスチックなのです。ちょっと高校時代の化学を思い出してみてください。

水や二酸化炭素などが分子です。水はH_2O（エイチツーオー）としてもよく知られています。Hは水素、Oは酸素で、これらは原子と呼ばれています。分子は原子から構成されています。水素原子は一つの手を、酸素原子は二つの手を持ち、これらの手と手がつなぎ合っています。手は相手とつないでいないと安定しません。二つの水素原子と一つの酸素原子がくっつくと原子の手がふさがるので安定します。二酸化炭素は、一つの炭素原子と二つの酸素原子でできています。だから酸素が二つ（二酸化）と（一つの）炭素で二酸化炭素と呼んでいます。炭素は手を四つ持ち、酸素は二つなので、これも手をうまく余らせずにつないで安定しています。

ここで、最も簡単な構造を持つプラスチックの高分子を説明していきます。ポリエチレンというプラスチックです。エチレンは、二つの炭素と四つの水素で構成される分子です。炭素の四つの手のうち、二つが水素と手をつないでいます。残りの二つは、炭素同士が両手で二重につなぎ合っています。この二重の手の一つを離すと、それぞれの炭素は両端の手が余ります。そうすると、隣のエチレンと手をつなげることができるようになります。これがどんどんと伸びたものがポリエチレン（PE）という最も簡単な構造のプラスチックなのです。

要点BOX
- ●プラスチックは炭素中心の人工の高分子
- ●最も簡単な構造を持つ高分子がポリエチレン

原子と分子

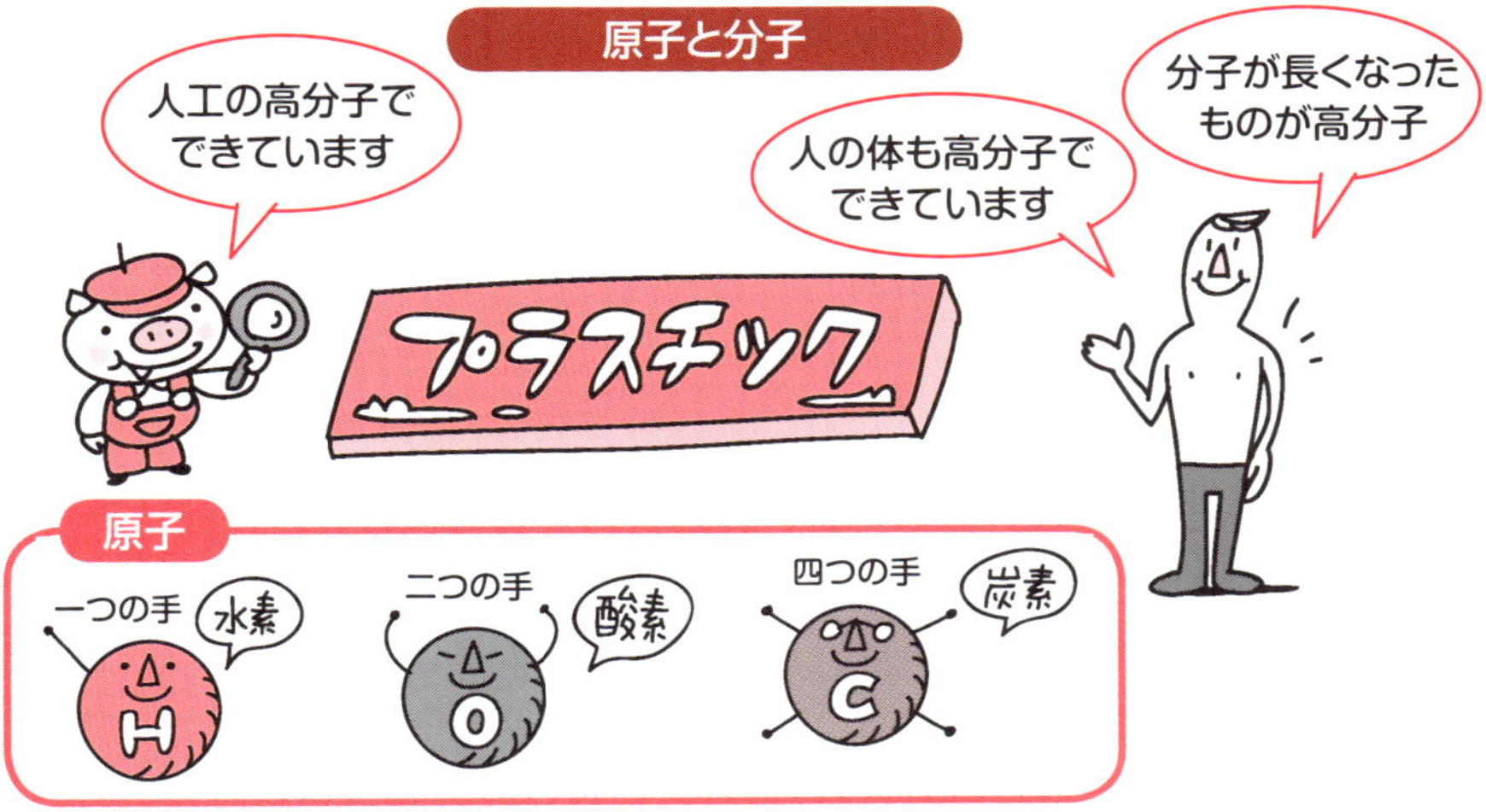

エチレン分子とポリエチレン

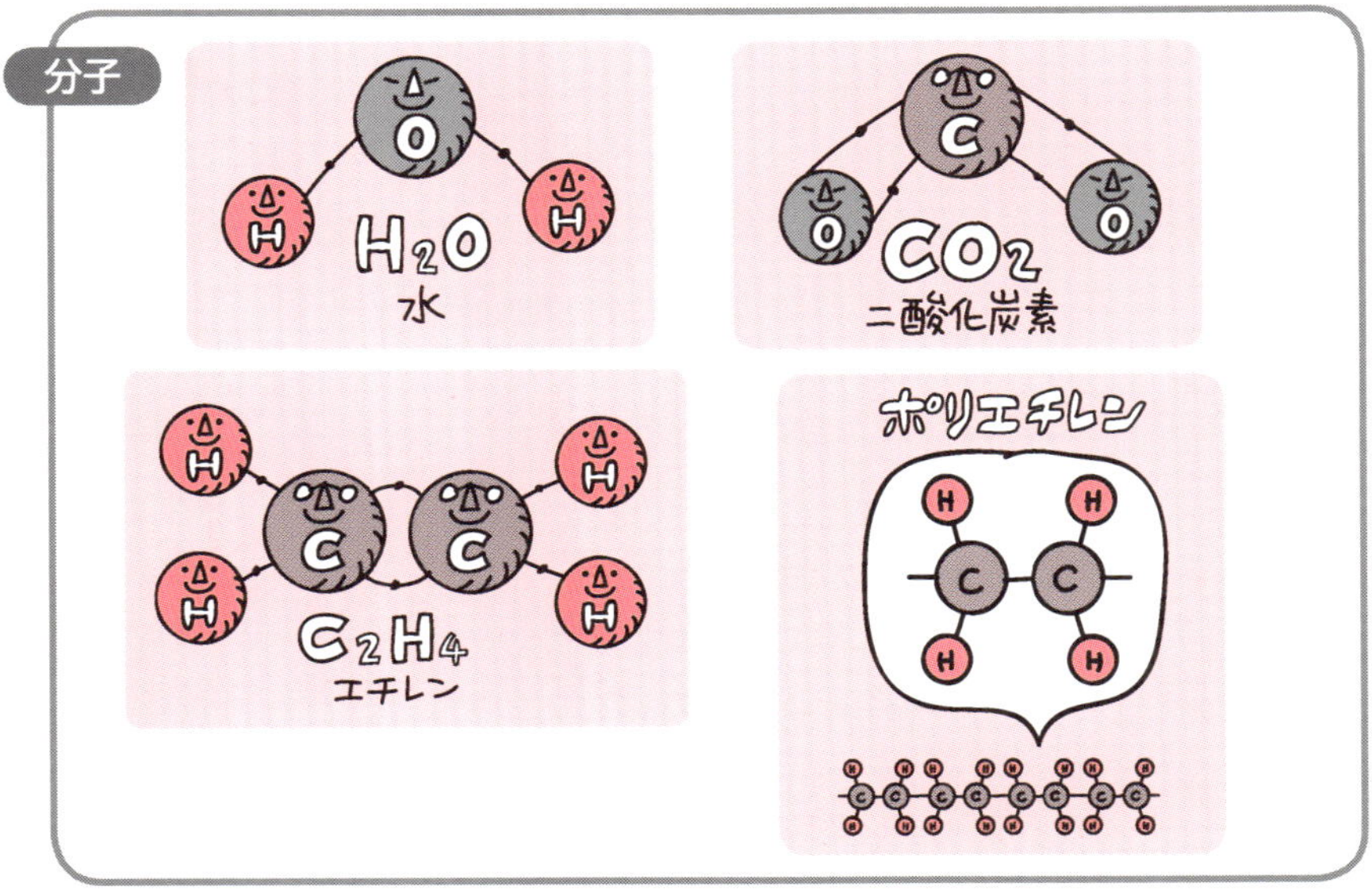

原子と手の数

原子	記号	手の数
水素	H	1
炭素	C	4
酸素	O	2
窒素	N	3
フッ素	F	1

4 いろいろなプラスチック（その2）

ポリプロピレン、ポリスチレン

　エチレンがつながったものがポリエチレンでした。プロピレンがつながるとポリプロピレン（PP）に、スチレンがつながるとポリスチレン（PS）になります。塩化ビニル（ビニール）がつながったものが、ポリ塩化ビニル（PVC＝通称、塩ビ）です。すべてのプラスチックの元になる分子にポリという接頭語をつければ、プラスチックの名前になるわけではありませんが、ポリという接頭語の意味が、少しはわかったのではないでしょうか？もう少し、先ほどのポリエチレンのように、他のプラスチックも見てみましょう。

　ポリプロピレンは、ポリエチレンの水素一つ（H）が、炭素一つと水素三つ（CH_3）に変わったものです。ポリ塩化ビニルは、ポリエチレンの水素一つが塩素（Cl）に変わっています。ポリスチレン（PS）は、ポリエチレンの水素一つが、ベンゼン環の炭素六つと水素五つ（C_6H_5）に変わっています。これら違うものに変わることで、プラスチックの性質も変わってきます。

　この基本の分子がつながる個数を重合度と呼びますが、一万個以上つながったものが、高分子と呼ばれるプラスチックになります。ところが、分子が紐状につながるときに、単純に一本の紐だけにつながってくれるとは限りません。枝葉が横についたり、数本に分かれてつながったりすることがあります。左の表の、HDPEとLDPEは同じポリエチレン（PE）なのですが、つながり方が違う例なのです。これは、次の項で説明します。また、規則的に並んだり、全く不規則に並んだりすることでも、プラスチックの性質は変わります。すごいことに、この並び方やつながり方を、いろいろと人工的に制御することで、プラスチックの性質もある程度コントロールできるのです。

　ちなみに、後ほど出てくるペットボトルのペットは、ポリエチレンテレフタレート（PET）のことですが、エチレン以外の他のものもつながっているので、ポリエチレンとは別のプラスチックなのです。

要点BOX
- ●ポリプロピレン、塩化ビニル
- ●ポリスチレン

プロピレン分子とポリプロピレン

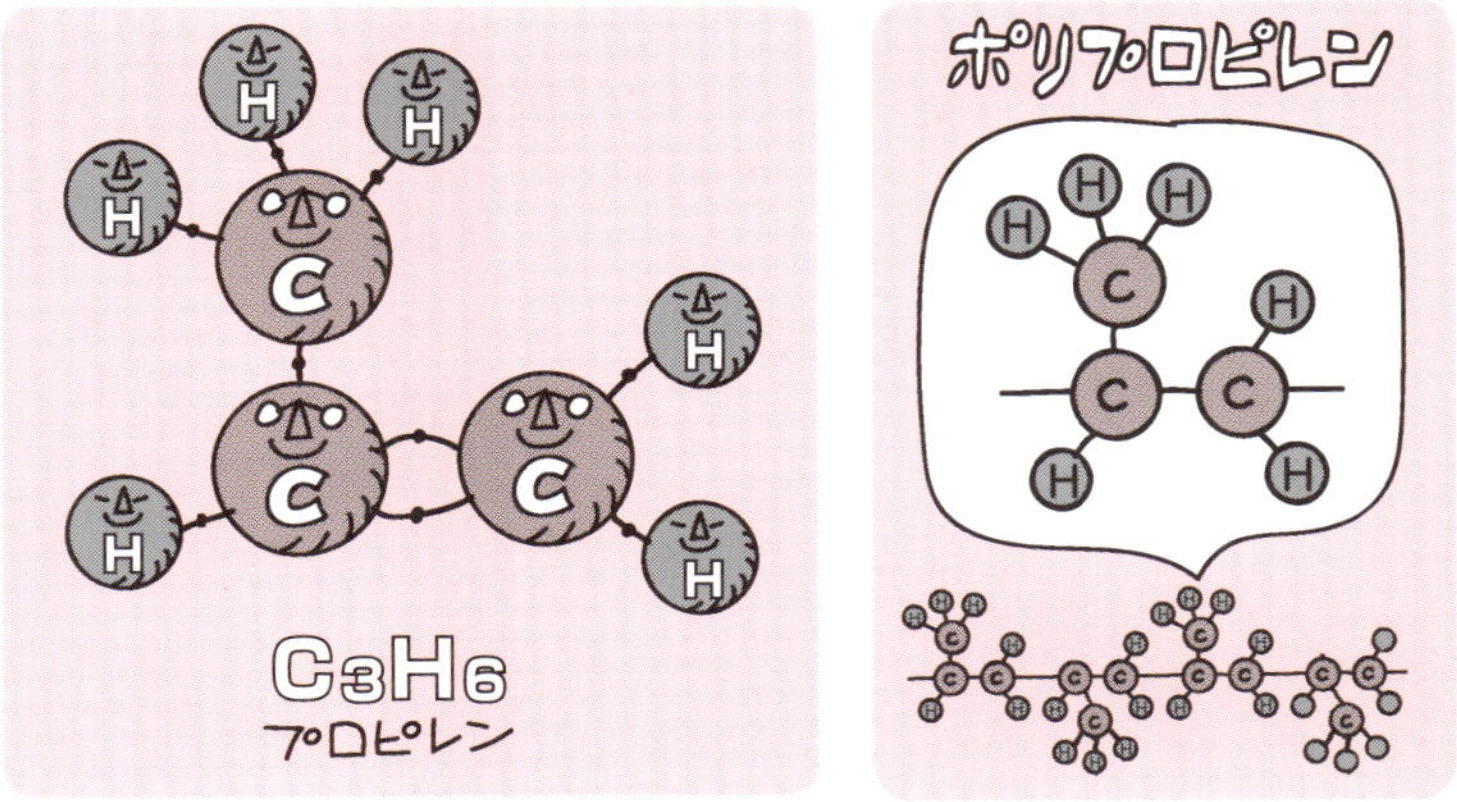

熱可塑性樹脂と熱硬化性樹脂の種類

区分	名称	記号
熱可塑性樹脂	高密度ポリエチレン	HDPE
	低密度ポリエチレン	LDPE
	ポリプロピレン	PP
	ポリアミド(ナイロン)	PA
	ポリカーボネート	PC
	ポリアセタール(ポリオキシメチレン)	POM
	ポリメタクリル酸メチル(アクリル樹脂)	PMMA
	ポリ塩化ビニル	PVC
	ポリスチレン	PS
	アクリロニトリル・ブタジエン・スチレン	ABS
	ポリエチレンテレフタレート	PET
	ポリブチレンテレフタレート	PBT
	ポリフェニレンエーテル	PPE
	ポリフェニレンオキサイド	PPO
	熱可塑性エストラマー	TPE
	ポリフェニレンサルファイド	PPS
熱硬化性樹脂	フェノール樹脂	PF
	ユリア樹脂	UF
	メラミン樹脂	MF
	不飽和ポリエステル樹脂	UP
	エキポシ樹脂	EP
	ポリウレタン樹脂	PUR

5 ホモポリマーとコポリマー

高分子の枝分かれ

もう少し、プラスチックを分子構造の観点から説明していきます。高分子の構造によって、性質がどのように変化するかがわかると、その分子構造によって、いろいろな種類のものがあることを理解できるようになると思います。

まず、さきほどのポリエチレンですが、この高分子を紐として描くと、一本の紐ではなく、途中で枝分かれしています。枝分かれは状況によって、隣同士の距離が広くなったり、狭くなったりすることがわかると思います。実際に、枝分かれが多いと、紐の隙間の占める体積が増えるので、ポリエチレンの密度が小さくなります。逆に、枝分かれした紐の長さが短いと隙間も狭くなるので、密度が大きくなります。前者は低密度ポリエチレンと呼ばれ、後者は高密度ポリエチレンと呼ばれています。低密度ポリエチレンは高密度ポリエチレンよりも柔らかな性質になっています。

次にポリプロピレンを見ると、ポリエチレンに対して水素原子一個が、炭素原子一個と水素原子三個（CH_3）に換わっています。そうすると、ポリエチレンのときと比べて、このCH_3のつく位置が規則的なものとそうでないものとで性質も違ってきます。規則的だと隣同士が並びやすく、不規則だと隙間が小さくなったり大きくなったりするので、並びにくいことが理解できると思います。一般的には、規則的に並んだもののほうが強度が上がるので、工業的にはこちらが使用されています。

そうすると、ポリエチレンとポリプロピレンが混じったプラスチックもできそうなことは想像できると思います。実際に、このようなプラスチックのことを、コポリマーと呼んでいます。コとはCo-opでもおなじみのもので、「共同」とか「二つ以上の」を意味しています。コに対して、ポリエチレン、ポリプロピレン単体は、ホモポリマーと呼ばれます。ちなみに、モノマーとはポリマーを構成する基本の状態をいいます。

要点BOX
- ●枝分かれ具合で違うポリエチレン
- ●複数のポリマーからできたコポリマー

つながり方が違う高分子

枝分かれが多いために、隣同士が近づきにくく密度が小さくなります。

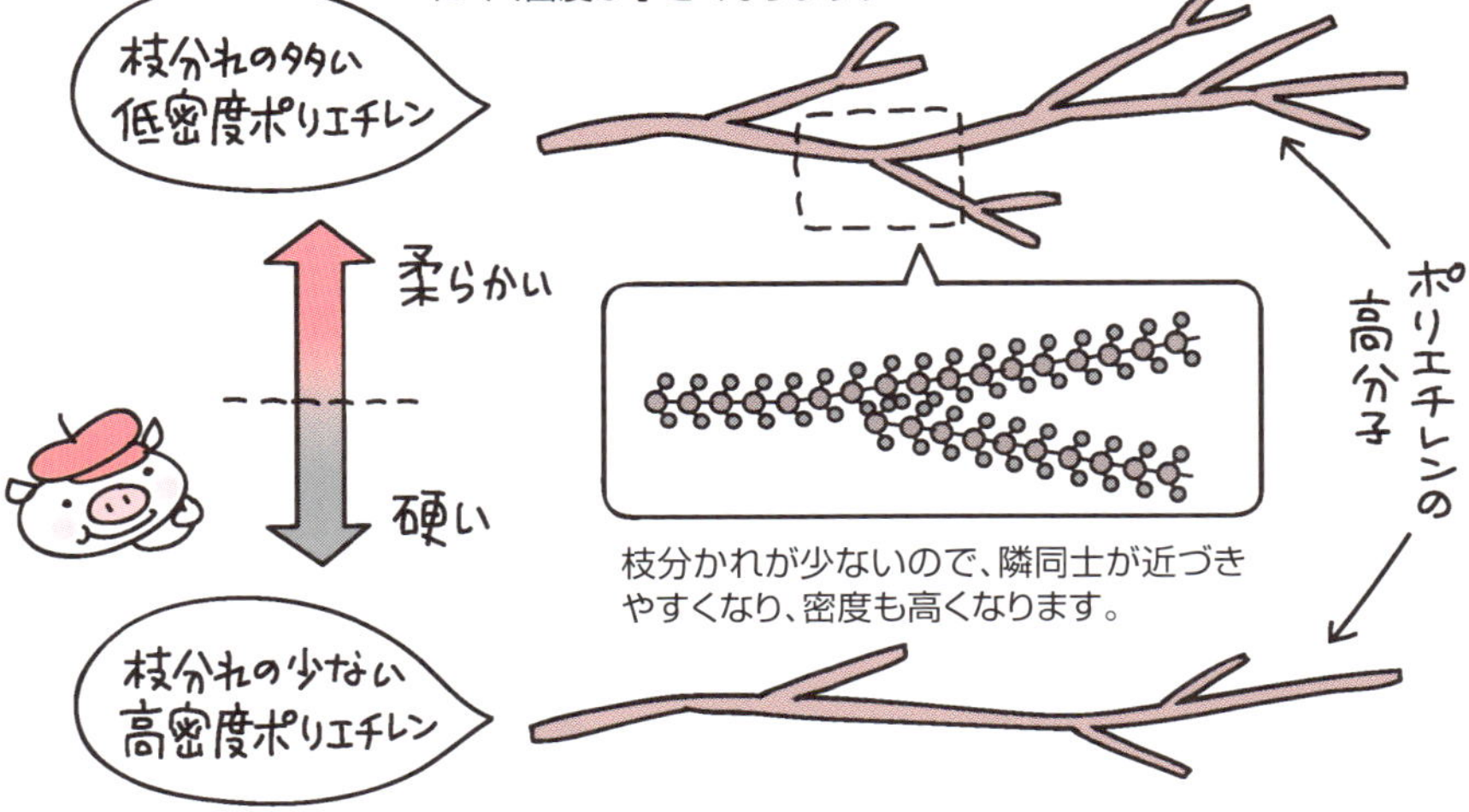

枝分かれが少ないので、隣同士が近づきやすくなり、密度も高くなります。

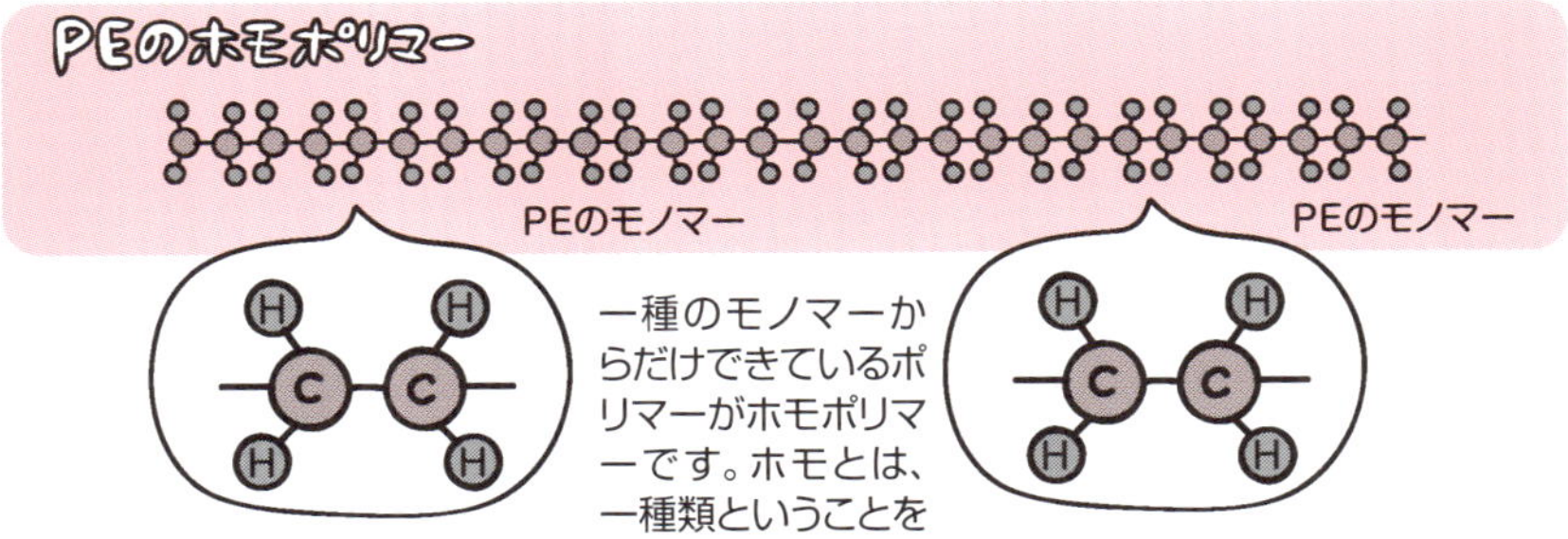

一種のモノマーからだけできているポリマーがホモポリマーです。ホモとは、一種類ということを示しています。

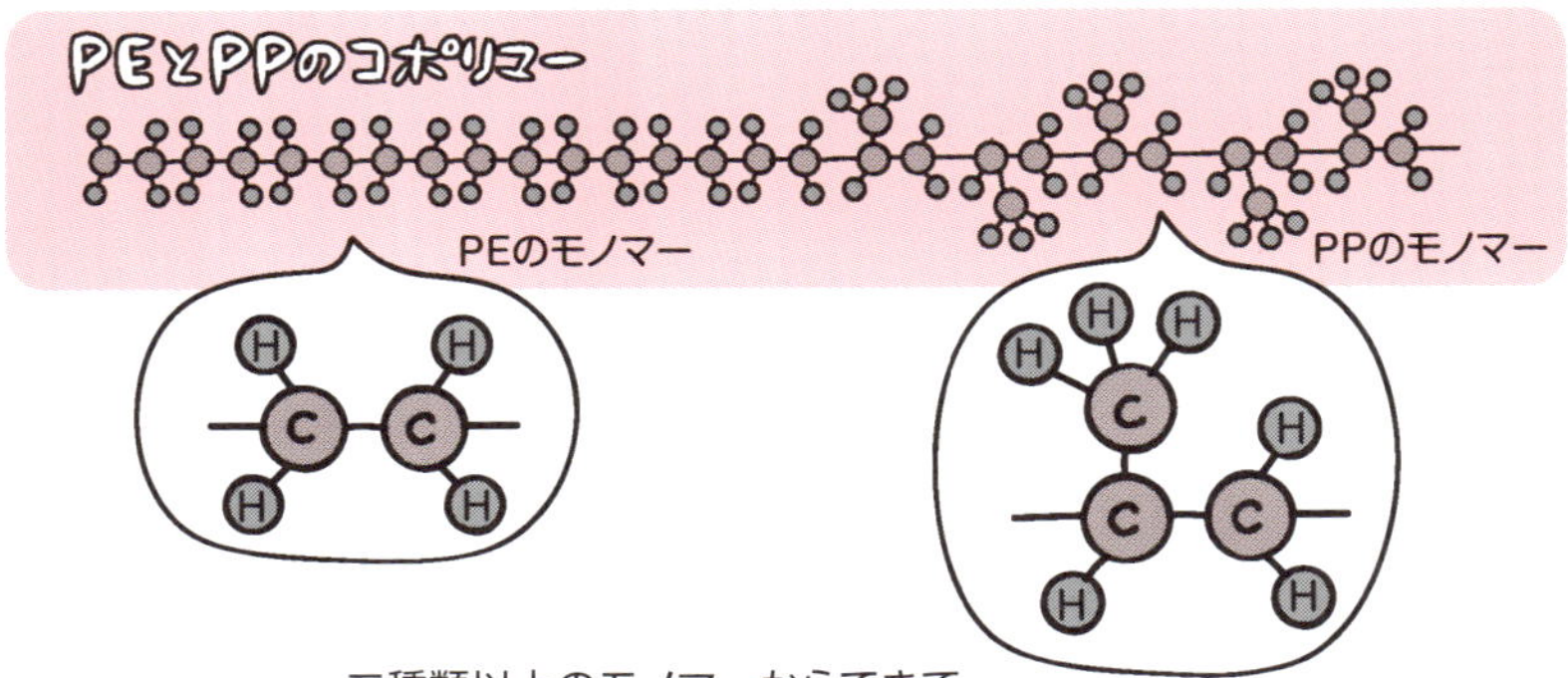

二種類以上のモノマーからできているポリマーがコポリマーです。

6 結晶性と非晶性

紐の並び方と結晶性

ポリプロピレンとポリエチレン、そして、その混合のポリエチレン・ポリプロピレン・コポリマーの話の続きとして、ポリスチレンの説明をしましょう。

ポリスチレンは、ポリプロピレンのCH_3がC_6H_5に換わったものです。このC_6H_5はベンゼン環といって、亀の甲のような大きな塊です。ポリスチレンにも、ポリプロピレンと同じように、規則的に並びやすいものとそうでないものがあります。ただ、ポリスチレンの場合は、C_6H_5というベンゼン環は図体が大きいので、規則的に並びやすいタイプも工業的にあるにはあります。でも普通は並びにくいランダムな構造のものが使われます。

並び方がランダムだとどうなるかというと、このランダムさが全体に均一になります。光学的には、均一なところを光が通り抜けるので、透明になります。ですので、ポリスチレンは透明なのです。ランダムな配置のものを非晶性といいます。非晶性に対して、規則的なものは結晶性です。ただし、規則的といっても、高分子の紐の一部が並ぶのであって、全体が並ぶわけではありません。分子の並びやすい部分は部分的に並ぶため、並んだ部分とそうでない部分が不均一に存在します。この不均一性のために光が素直に通り抜けないので、不透明になります。このことは、基本的には結晶性のポリエチレンやポリプロピレンにもいえます。高密度ポリエチレンに対して、低密度ポリエチレンに透明性があるのは、これが理由です。また、ポリエチレンとポリプロピレンのコポリマーについても、同じことがいえます。

ポリスチレンは、パリンと割れやすいのですが、これにブタジエンのゴム成分を混ぜると耐衝撃性がよくなります。これにアクトロニトルを混ぜるとABSというプラスチックになります。混ぜ物があると、光が素直に通過しないので不透明です。これらは参考例の一部ですが、高分子の構造構造によってプラスチックの性質が違ってくることがわかったと思います。

要点BOX

- ●分子の並び方で違う結晶性、非晶性
- ●非晶性は透明

ポリスチレンの構造

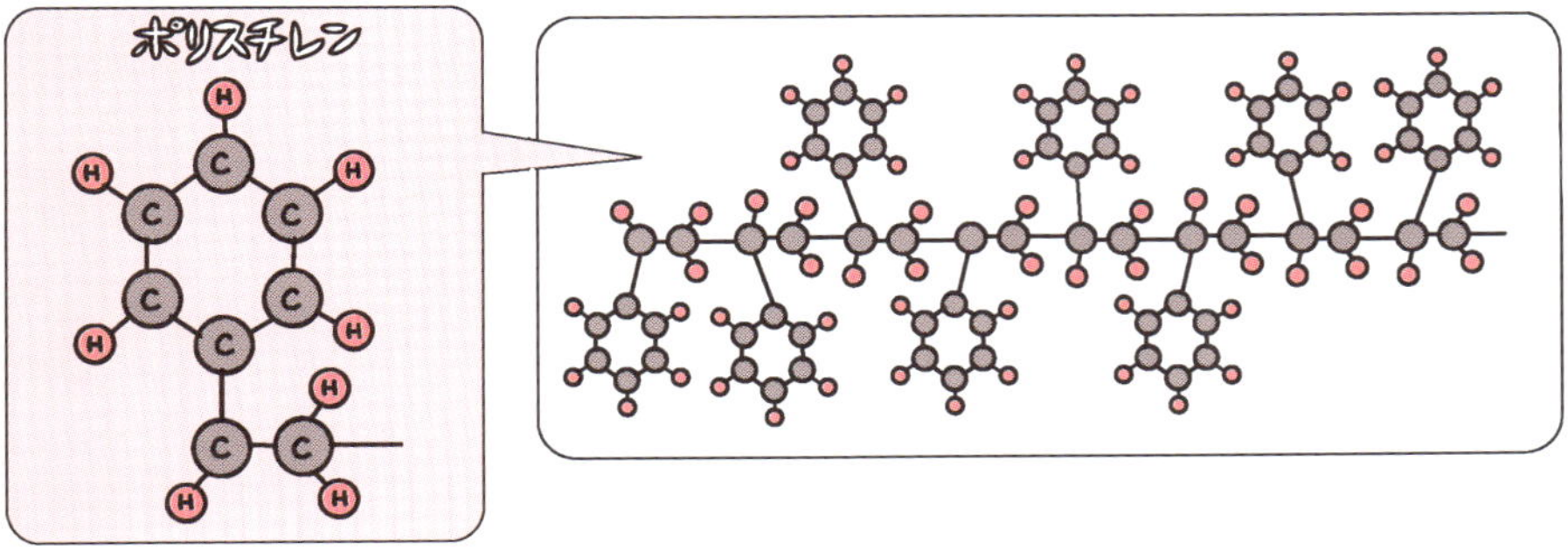

高分子はひも状のため全体が全て整列しません・・・・

部分的な結晶化状態

高分子は紐状のため、全体がすべて整列することができません。丸で囲まれたところが部分的に整列するのです。この整列の割合を結晶化度といいます。

非晶状態

高分子が整列せず、ランダムな状態です。全体的にランダムで均一性があります。

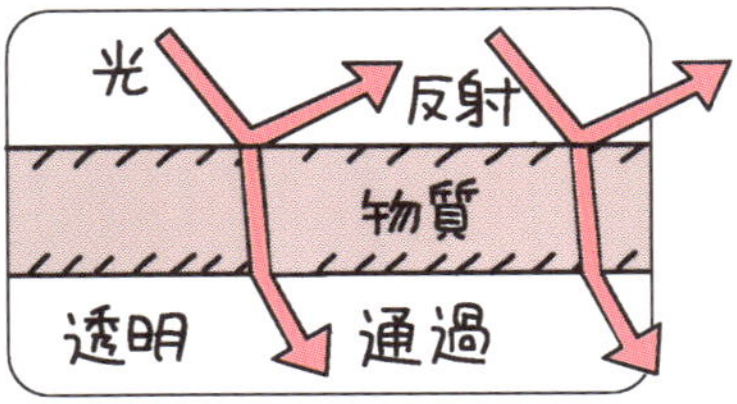

非晶性樹脂が透明な理由

全体が非晶性で均一の屈折率であるため透明になります。

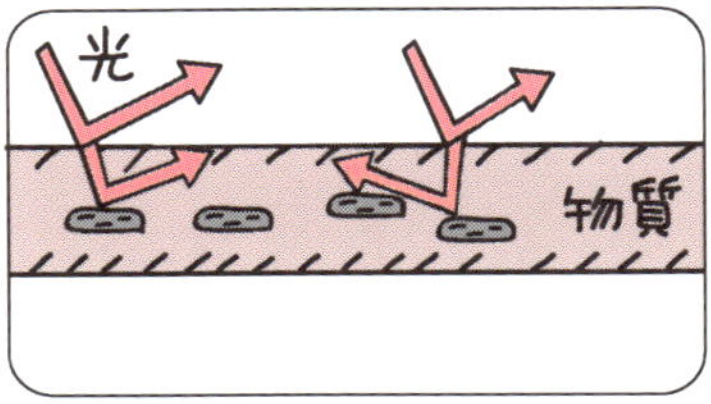

結晶性樹脂が不透明な理由

結晶化した部分と非晶性部分の屈折率が異なるので、ここを通過する光が複雑に屈折・反射します。そのため不透明に見えるのです。

7 蛇と高分子

熱可塑性と熱硬化性

つぎに、大きく分けて二つの種類のプラスチックを説明します。熱可塑性と熱硬化性というものです。

プラスチックの高分子を蛇のようなものだと考えてください。蛇は温度が低くなると冬眠して動きません。温度が高くなると動きだします、温度がもっと高くなると、熱くなって暴れ始めるでしょうし、もっともっと温度が高くなると焼け焦げて死んでしまいます。温度の低いときは、動きがなく固まっている状態で固体だと考えてください。形は変化しません。活発に動くのは、柔らかくなって形を変形させられる粘土状態のときです。流動性がある間に形を整えて成形をしてやればいいのです。そして再度温度を下げれば固体となって形を維持します。温度を下げると固まり、温度を上げると柔らかくなることは、何度も繰り返せます。これを可逆的といいます。もっと温度を高くすると、焦げてしまうので、可逆性には温度範囲があります。ただ、このような可逆的なプラスチックは熱可塑性樹脂と呼ばれています。ここではプラスチックも樹脂も同じ意味と考えてください。しかし、このように可逆的な挙動のプラスチックばかりではないのです。

もう一つの熱硬化性のプラスチックを紹介しましょう。先の蛇が動いている温度の状態で、紐に絡んでしまうと考えるとわかりやすいでしょう。紐状の蛇が、他の紐に絡むのです。紐が絡む前は動いていたのに、紐が絡むと動けなくなってしまいます。温度を上げても、紐が絡んでいるので動けません。動けないということは固まった固体のままなのです。熱をかけたときに、紐が絡むような仕掛けをしたプラスチックは熱硬化性樹脂と呼ばれるもので、熱に対して可逆性がありません。

では、熱をかけても可逆的に柔らかくならない熱硬化性のプラスチックはどのようにしたら成形ができるのでしょうか?

要点BOX
- ●プラスチックには、熱可塑性と熱硬化性がある
- ●熱硬化性プラスチックは溶けない

蛇にたとえた熱可塑性プラスチックと熱硬化性プラスチック

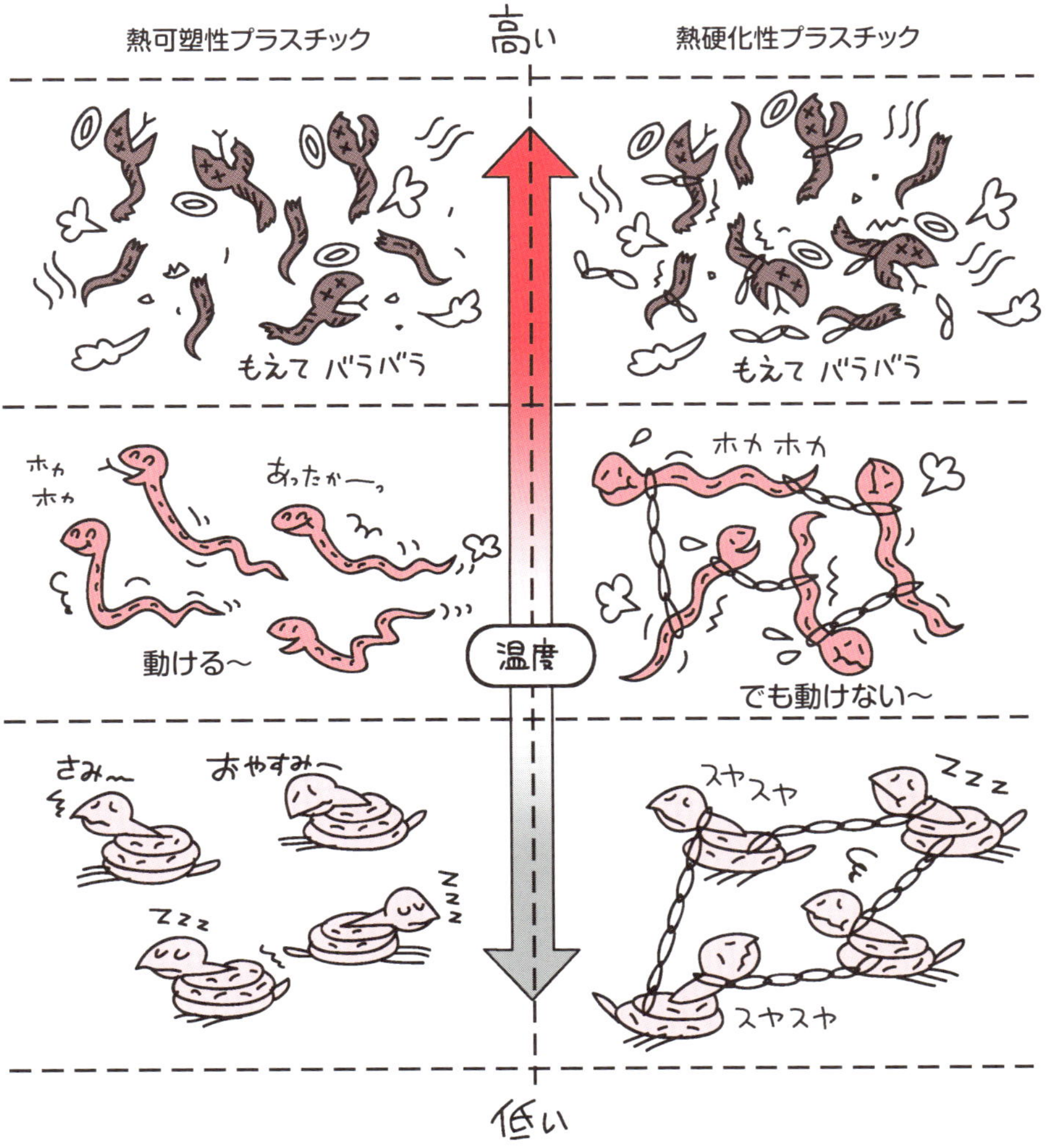

プラスチックは紐状なので、蛇にもたとえられます。温度が高くなると活発に活動しますが、温度が下がると動かなくなります。これが熱可塑性プラスチックです。
熱硬化性プラスチックは、お互いに鎖でつながれている（架橋といいます）ために、温度が高くなっても動きがとれないのです。

8 低分子から高分子へ

熱硬化性プラスチックの成形方法

熱可塑性プラスチックは、温度を上げると柔らかくなって成形できますが、熱硬化性プラスチックの成形はそうはいきません。材料が柔らかい状態か、水のような液体の状態なら、型に入れて成形することができます。しかし熱硬化性のように、分子が絡んで動かないものは、柔らかくなりません。

このような材料は、どのようにして成形すればいいでしょうか？　実は、分子が大きくなってプラスチックにならない状態から成形を始めるのです。ほとんどの人は接着剤を使ったことがあるでしょうが、二液タイプの接着剤は使ったことがない人がいるかも知れません。二つの液体を混ぜて、それが合わさって固まる接着剤を二液型といいます。混ざることで化学反応して固まります。髪を染めるカラーリング剤も二液になっています。これも合わさることで化学反応しています。二液の接着剤を使ったことのない人でも、コンクリートは知っていると思います。コンクリートは、セメントに水や砂利などを混ぜます。セメントが水などと化学反応して固まります。二液タイプの接着剤のように、液体状のものであれば、型の中に二液を入れる直前にかき混ぜてから、型に押し込んで反応させて高分子にして形を作ることも、想像できると思います。これを紐や布のようなものを加えて固めてもいいですね。

これを利用して、たとえば、これらの物質を粘土のようなものに仕込んでおいて混ぜ合わせ、温度の低い状態にしておきます。そうすると反応の進み具合は遅く、すぐには固まらないので保存できます。そして保存しておいたものを、金型に押し込んで形を作り、その金型の温度を高くすれば、化学反応が早くなって粘土状のものが固まります。熱硬化性のプラスチックは、成形するとき化学反応させながら、高分子にしていくのです。

要点BOX
- ●熱硬化性プラスチックの成形は化学反応
- ●成形時に低分子から高分子に変化

低分子から高分子へ

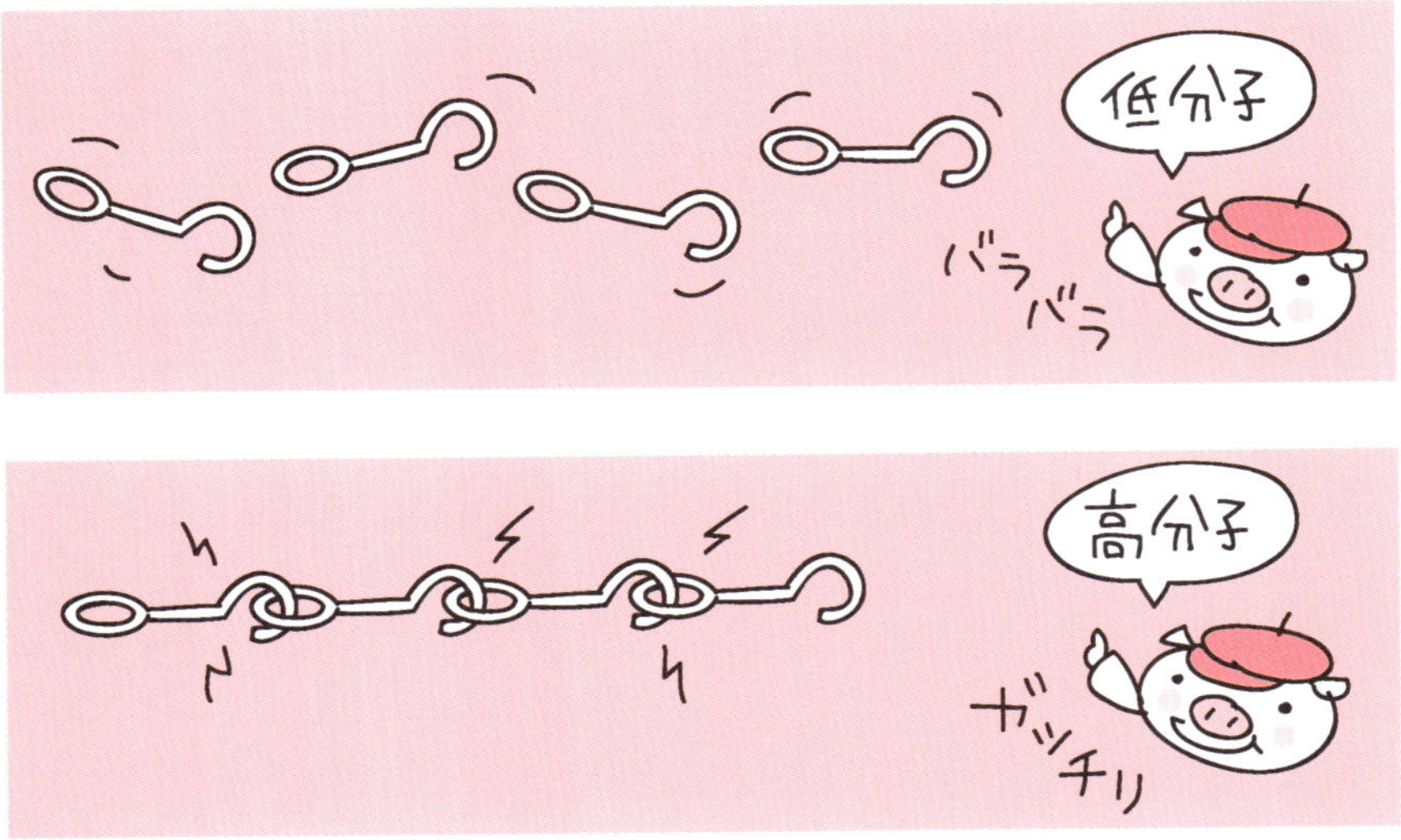

化学反応で分子がつながる

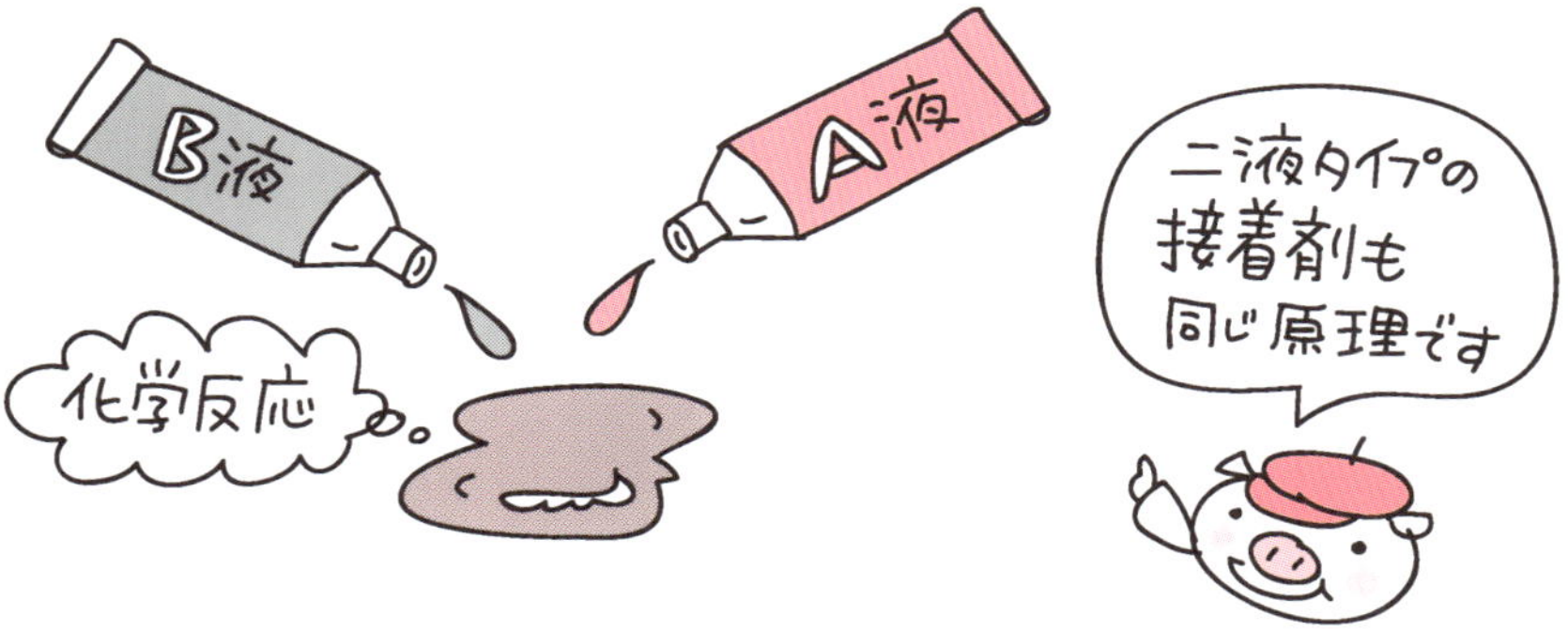

二液混合式染髪器具

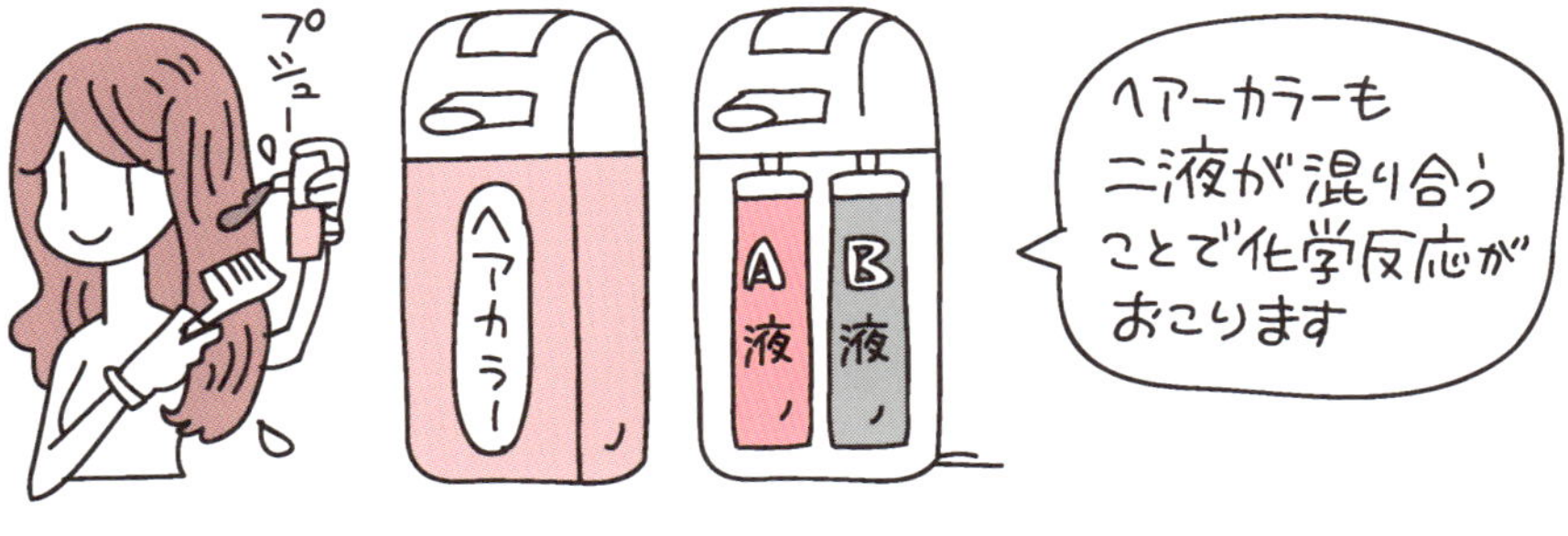

9 プラスチックのいろいろな呼び方

熱可塑性プラスチックと熱硬化性プラスチックがあることを知ったので、再度、いろいろなプラスチックの呼び方を見てみましょう。これまで、プラスチックを合成樹脂と読んだり、プラスチックといったり、人工高分子といったり……と、いろいろな言葉があります。実は、プラスチックの英語での本来の意味には、可塑性（柔らかくなって形を変えられるもの）があるので、熱硬化性プラスチックと呼ぶのは、本来の言葉の意味からは違います。なぜなら、熱硬化性のものは一度硬化すると、もう可塑化できる状態にはならないので、可塑性ではないからです。しかし、現在では、プラスチックの言葉が可塑性を示すものだけではなく、一般的世間で認知されているプラスチックとしても市民権を得ているので、熱硬化性プラスチックでも通用するようになっています。ただ、熱硬化性プラスチックにはエポキシ樹脂、ユリア樹脂、フェノール樹脂など、後ろに樹脂の名前がつくのが通常です。熱可塑性プラスチックの場合は、ポリエチレン、ポリプロピレン、ポリカーボネートなど、後ろに樹脂という言葉がつきません。ただ、アクリル樹脂と呼ばれる例もあります。

ほかには、スーパーマーケットなどで買ったものを入れる袋を、ポリ袋とかビニール袋、ナイロン袋などと呼ぶことがあると思います。このポリという言葉は、分子が連続につながった状態を示す接頭語です。一般的には、ポリエチレンやポリプロピレンが袋として使われています。ビニールというのは、ポリ塩化ビニルからビニールとなった言葉ですが、軟質の塩ビがシートなどに使われていることから、ビニールがプラスチックやフィルムを示す言葉に使われるようになっていったと思われます。ただレジ袋のようなものには使われません。ナイロンでも、このような袋は作られません。しかし、ナイロンは、ストッキングなどで慣れ親しまれているので、その言葉が出てきたのでしょう。ストッキングも袋状にはなっていますが……。

要点BOX
- ●プラスチックは本来、可塑性の意味
- ●現在のプラスチックの意味は広い意味

プラスチックの呼び方

レジ袋の削減にご協力

このレジ袋のレジは、プラスチックの呼び方とは関係ないですね。スーパーのレジから来ている言葉です。

10 分子を延ばして伸ばして強く

延伸と配向

高分子は紐状になっていると説明しました。この紐は普通はくしゃくしゃくしゃに丸まっています。そのくしゃくしゃに丸まった紐を引っ張ると延びます。延びて、その紐が延びきったところで、もはや延びなくなります。プラスチックも同じです。プラスチックといっても、ここでは熱を加えると柔らかくなる熱可塑性プラスチックの場合です。

分子は延ばされていくと、同じ方向に並んでいきます。向きが揃うことを配向するといいます。ところが、溶けた状態で引っ張ったのでは柔らか過ぎます。熱を加えた分子は、熱せられた蛇のように動き回るので、すぐに丸まってしまうからなのです。延ばしても、分子が動けない程度の温度の状態のところで延ばすと、元の丸まった状態に戻れないので、この状態だと強いプラスチックとして使うことができるようになります。これを延伸するといいます。延ばして、伸ばして、分子を配向させるのです。

この状態で使われるものは、プラスチックの紐やポリ袋。皆さんもよく知っているペットボトルなどは、この方法で作られているから強いのです。プラスチックの紐は、長手方向に強さが必要なので、長さ方向に延伸しますが、ポリ袋は縦横両方に伸ばして、縦方向にも横方向にも分子を配向させて、両方向に強くしています。しかし、この引き延ばした温度より高くすると、分子は動きだせるようになるので、元に戻ってしまいます。

このように、温度を高くして元に戻る性質を利用しているのが、シュリンク・パックなどに使われているフィルムなのです。百円ショップなどで、リモコンを包むフィルムシートも、リモコンをポリ袋で包んで、ヘア・ドライヤーで熱を吹きかければ、縮んでリモコンをぴったりと包みます。ちなみに、ポリプロピレンは、延伸した部分のヒンジ効果が大きいので、よくヒンジとして使われています。

要点BOX

- ●プラスチックの分子を延伸すると強くなる
- ●ポリプロピレンのヒンジ部も延伸効果

延伸はプラスチックを強くする

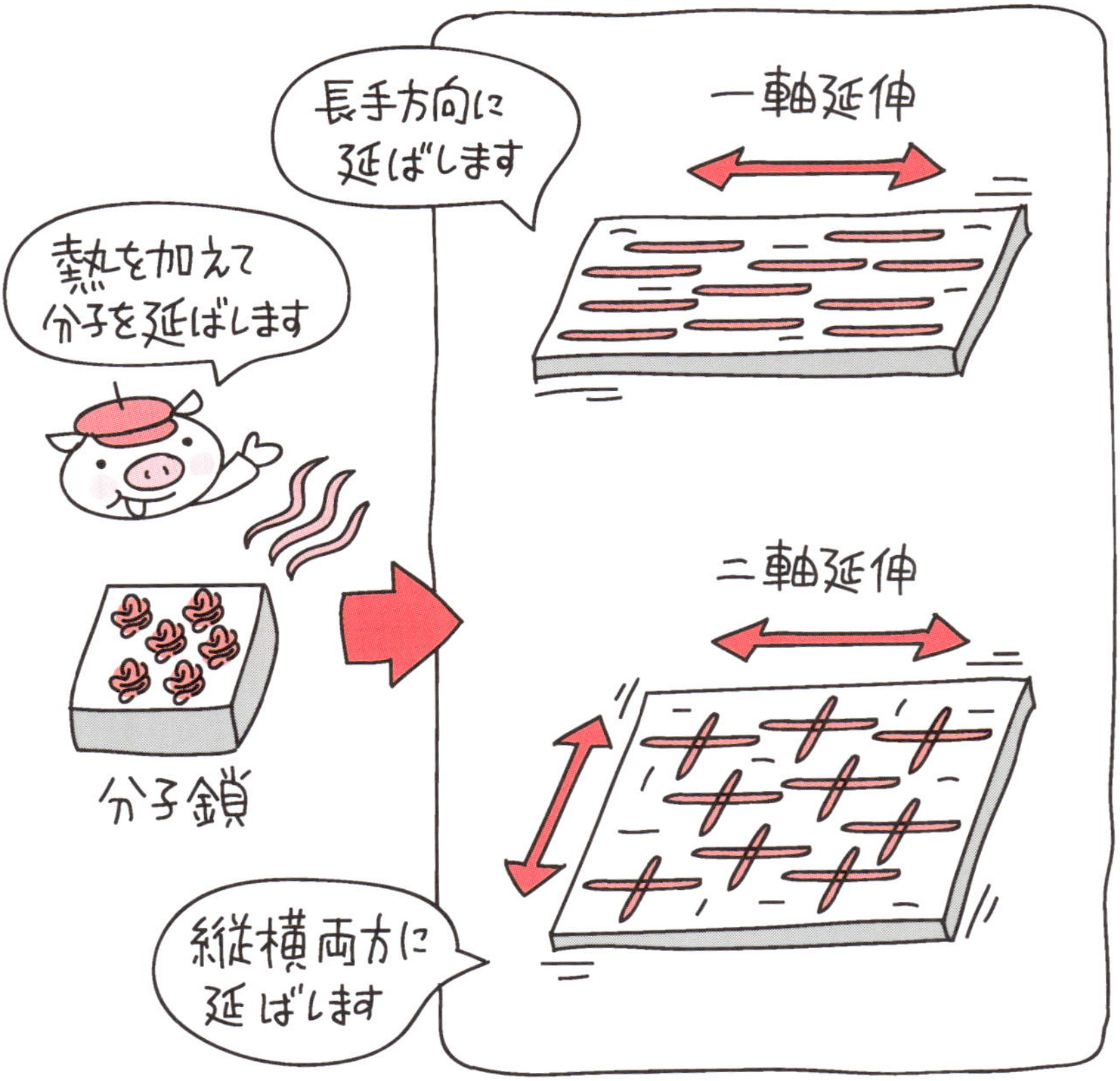

Column

日常生活とプラスチック

今では昔昔の話になりますが、「♪あーおい（青い）眼をしたお人形は、♪アメリカ生まれのセールロイド」で始まる歌が流行りました。野口雨情という人の「青い眼の御人形」という楽曲です。このセルロイドが工業化された初めての熱可塑性の、人工プラスチックです。

現在では、私たちの身の周りには、セルロイドはあまり見られなくなりましたが、その他のいろいろなプラスチックであふれています。もしもプラスチックがなかったら、今のような便利な生活は成り立たないことでしょう。身の周りのプラスチックがなくなった状況を考えてみてください。自動販売機で売られているペットボトルもプラスチック製ですし、スーパーマーケットで買い物を入れてくれる袋もプラスチックでできています。DVDやCD、テレビ、洗濯機、冷蔵庫などの家電製品のケース（筐体）もプラスチックで作られています。これらの内部の部品にも多くのプラスチックが使われています。いろいろな形のおもちゃもプラスチック製がほとんどで、木や金属で作られたものは少なくなりました。自動車も外装は車体前後のバンパー、サイドミラーから始まり、車内ではインストルメントパネル（通称インパネ）やメーター類、ドアや天井、ピラー類もプラスチック製です。ボンネットを開けると、エンジンカバーやウォッシャータンク、その他にもたくさんプラスチックが使われていることに驚かされるでしょう。

今では有名になった百円ショップに行けば、ここでもいろいろなプラスチックで作られた製品を見ることができます。チューインガムやコンタクトレンズ、接着剤でさえもプラスチックの一種なのです。

もし、これらのプラスチックが突然なくなったとしたら非常に不便になることがわかると思います。

でも、始めからプラスチックがなかったとしたら、なんらかの別の方法が考えられて採用されていたかも知れませんが……。

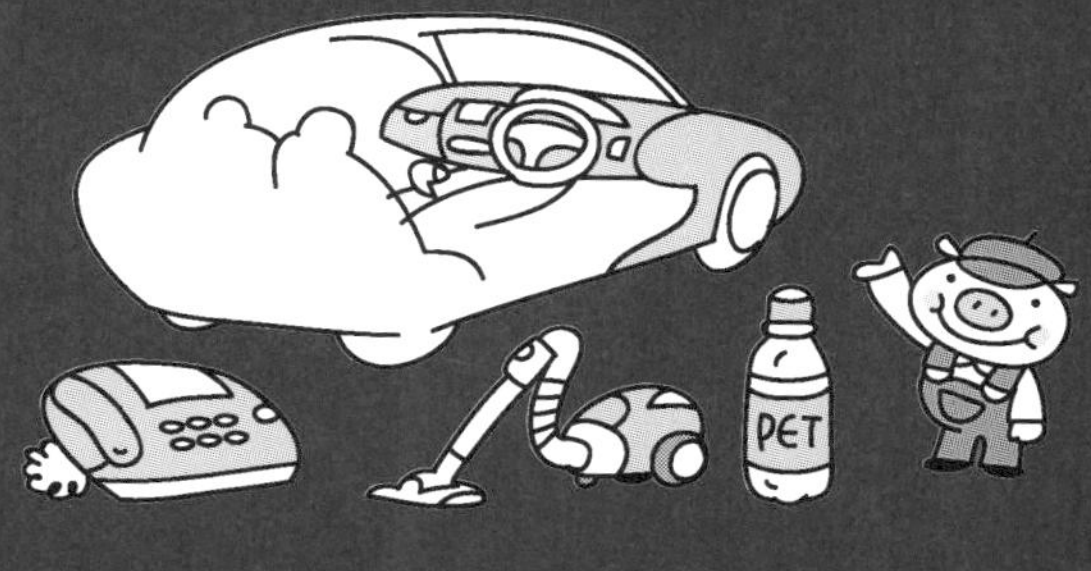

日常のあらゆるところにプラスチックが使われています。

第2章

注射器とねじで加工する射出成形

11 射出成形とは

プラスチック成形の王様

射出成形の原理は簡単です。200℃前後の高い温度でプラスチックを溶かし、それを金型の中に押し込み、そのあと冷やして固めるというものです。この溶けたプラスチックは、粘土のようなチューインガムを思い浮かべてもらえば、なんとなくわかると思います。さらっとした水のようなものではありません。昔は、この原理を使って、溶かしたプラスチックを、万力（まんりき）を用いて人力で締め付けた金型に押し込んでいました。今では機械化され、非常に効率的に生産しています。早いものでは数秒に一回の割合で製品ができあがっていくほどです。

プラスチックでできた製品の厚さは、通常2㎜とか3㎜と薄いので、この狭い空間に押し込むことは簡単ではありません。金型の中の圧力は、一平方センチメートルあたり200～500キログラムなのですが（後ほど説明しますが）、機械のほうでは一平方センチあたり2000キログラム（2000kgf／cm²と書きます）程度と非常に高いものなのです。このような高い圧力で押し込むので、押し込まれた金型側も開かないように大きな力で締め付けておかなければなりません。

溶けたプラスチックを押し込む注射器のような装置を射出装置、金型が開かないように締め付けておく装置を型締め装置といいます。射出成形機は、大きく分けると、この二つの装置でできています。射出装置の中には、注射器の役目をする射出機構と、プラスチックを溶かす可塑化機構があります。型締め装置には、金型を開閉して締め付ける型締め機構と、できた製品を取り出す突出し機構があります。

DVDなどは薄いので数秒でできあがりますが、金型を締め付けるために70トン程度の力を必要とします。大きなものとしては、自動車のバンパーなどは1分程度でできあがりますが、これらは3000トンという大きな力で締め付けられています。このため、金型も、それなりにがっしりとしたものでなければなりません。

要点BOX

- 射出成形機は、大別して、射出側と型締め側でできている機械
- 溶かして、流し込んで、冷やして作る射出成形

射出成形でできるいろいろ

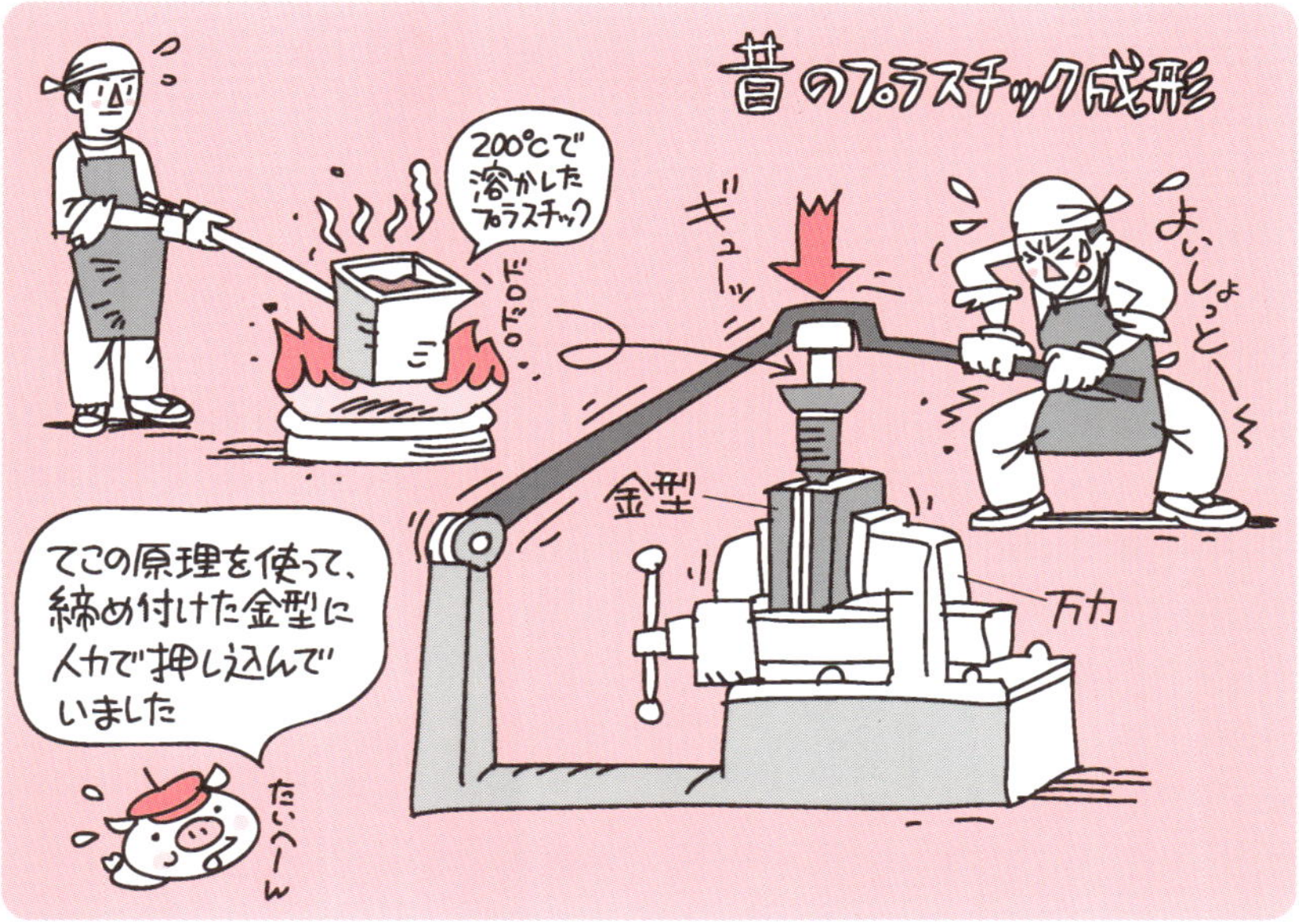

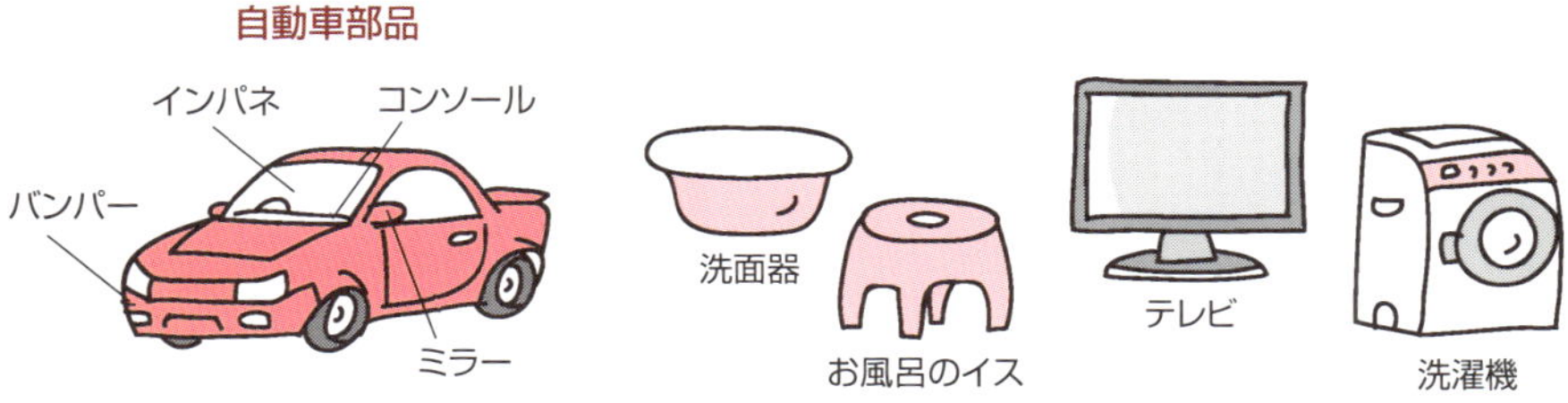

12 射出装置

注射器とねじ込み機

溶けたプラスチックを射出するためには、金型に入れる前に、プラスチックを一時溜めておく必要があります。プラスチックを溶かす方法としては、昔はいろいろな方法がありましたが、最近ではスクリューというねじを使う方法が一般的です。コンクリートの中にねじが回転しながら送り込まれる様子を見たことはないでしょうか？　この原理で溶かしたプラスチックを溜めます。ねじを時計回りの方向に回すとねじは入り込んでいき、反時計回りに回すと抜けてきます。これと同じような原理なのです。

金属の丸い管の外側にヒーターを巻いて加熱します。この丸い管をシリンダーと呼びます。その中の穴にスクリューというねじを入れます。そのスクリューを回転させると、ねじ溝に沿って米粒状のプラスチックが先端のほうに送られていきます。このときシリンダーは熱くなっているので、プラスチックは溶けていきます。この溶けたプラスチックが前方に溜まっていくと、スクリューが後方に押し下げられていきます。反時計回りに回ってねじが抜けていくのと同じような状態ですが、一回転でねじのピッチ分が後方に動くのではないところが、実際のねじとは違います。

前方に溜まった溶けたプラスチックは、金型に押し込まれます。このときスクリューが注射器の役目をしています。ただスクリューだけだと、溶けたプラスチックがスクリューの溝から漏れてしまうので、スクリューの先に逆流防止弁というものがついています。空気を押し込むポンプや灯油を入れるときに使うポンプには、空気や灯油を逆流させない働きをする弁がついています。この弁がついていないと、ビニール製のプールに空気を押し込んだり、石油ストーブに灯油を入れたりすることができません。射出成形機も、この逆流防止弁によって逆流を防止しています。それでスクリューが注射器の役目を果たせるようになっているのです。

要点BOX
- ●射出装置は、スクリューの先端に逆流防止弁のついた注射器でできている
- ●プラスチックを溶かすスクリューとシリンダー

射出成形機の構造

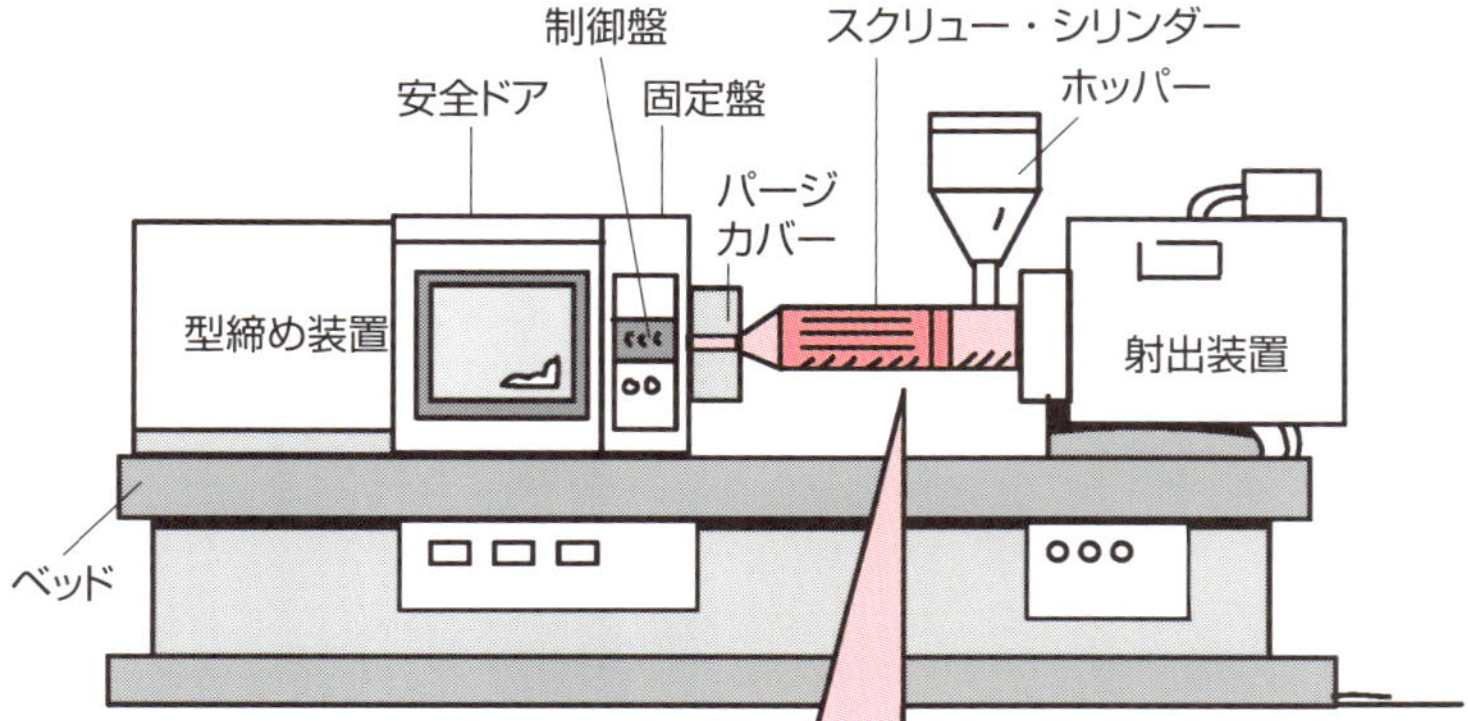
制御盤
スクリュー・シリンダー
安全ドア
固定盤
ホッパー
パージ
カバー
型締め装置
射出装置
ベッド

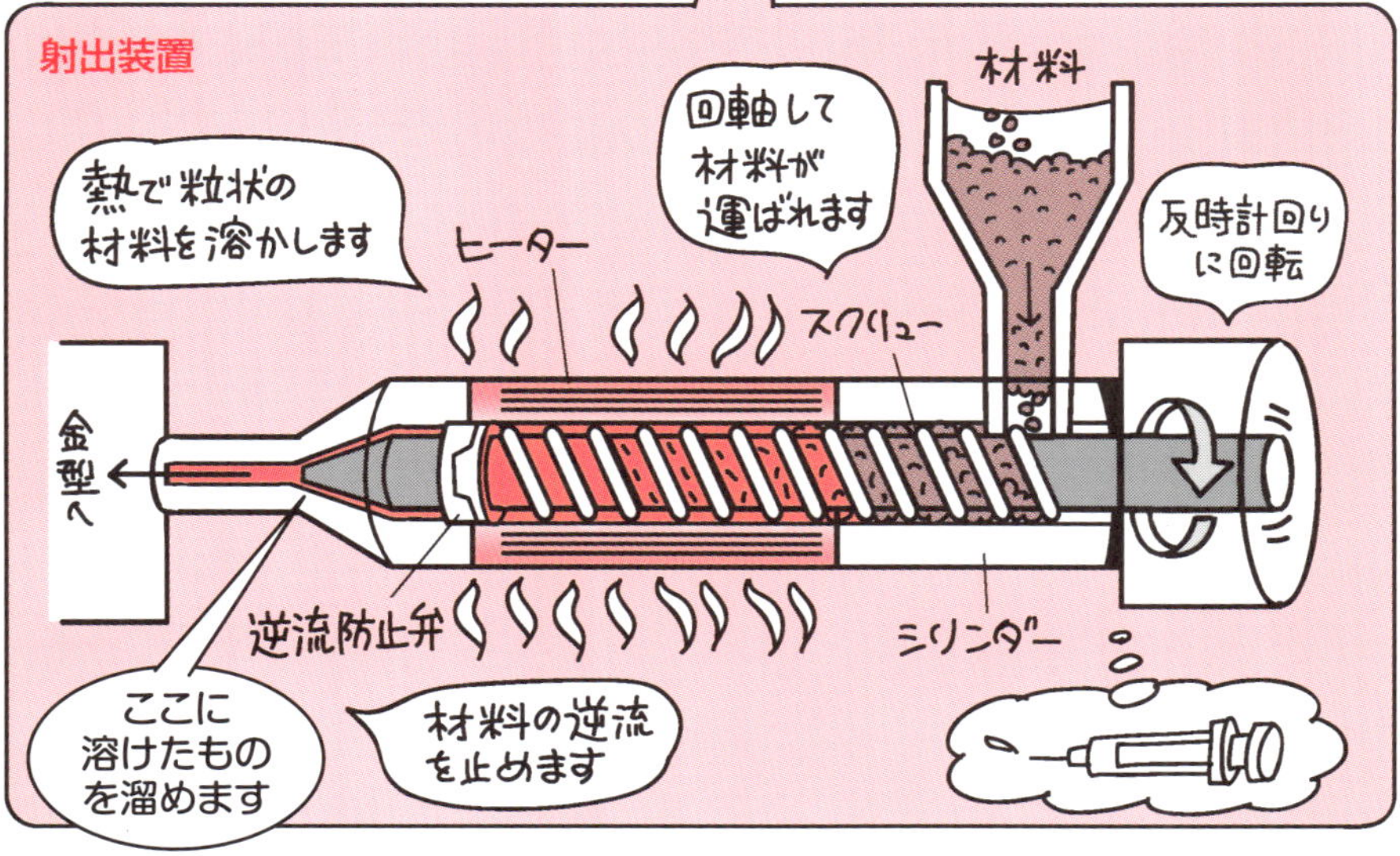
射出装置
材料
回転して
材料が
運ばれます
熱で粒状の
材料を溶かします
ヒーター
反時計回り
に回転
スクリュー
金型へ
逆流防止弁
シリンダー
ここに
溶けたものを
溜めます
材料の逆流
を止めます

逆流防止弁が使われているところ…
ココ
空気ポンプ
ココ
灯油ポンプ

13 射出成形用の金型

非常に高い圧力に耐える金型

射出成形機の射出側の圧力は、2000kgf/cm²だといいました。金型の製品となる部分の空間の圧力でも、平均して200〜500kgf/cm²です。想像してみてください。一平方センチメートルの面積の上に体重50kgの人が4人から10人乗って押し付けているのです。

たとえば、15cm×30cmの広さのパソコンケースを射出成形で作るとしましょう。450平方センチの面積なので、一平方センチあたりに、先ほどの話で50kgの人が6人乗ると想定すると、このパソコンケースの上に2700人の人たちが乗っているという、とんでもないほどの力がかかっています。この力は135トンになります。金型には、この力が働いて開かされようとします。そこで開かないように、それ以上の力で締め付けておかなければなりません。ですので、このような成形品なら、150トン程度の型締め力の機械が必要になります。このような大きな力がかけられて成形されても、製品の寸法が1mmも違ってくると大問題です。ですから、金型も相当がっちりとしたものでなければなりません。この金型は大体1立方メートル程度の大きさですが、これを成形する射出成形機は、8人乗りの小型のバン1台分の大きさになります。

バンパーやインパネなどを成形する金型になると、軽自動車くらいの大きさになり、重さは30トンにもなります。そして、これを成形する機械の型締め力は3000トンで、その大きさは二階建てバスが2台つながったほどにもなります。

射出成形は、精度の高い製品が効率よく生産できるのが特徴ですが、機械も金型も非常に高価なものとなるので、生産数量が多くないと採算がとれないという問題があります。プラスチック成形に限らず、生産ということでは、いくらでできるかということが重要な問題なのです。ですので、同じ形でも作る量が少ないと、射出成形以外の方法で作られることもあります。

要点BOX

- ●射出成形用金型は高い剛性が必要
- ●金型中の圧力は非常に高い

射出成形に必要な型締力

1cm²にかかる力

パソコンの大きさにかかる力

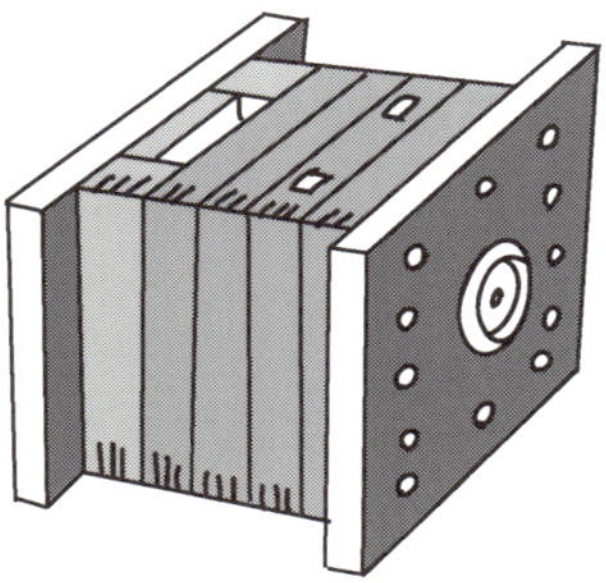

金型外観

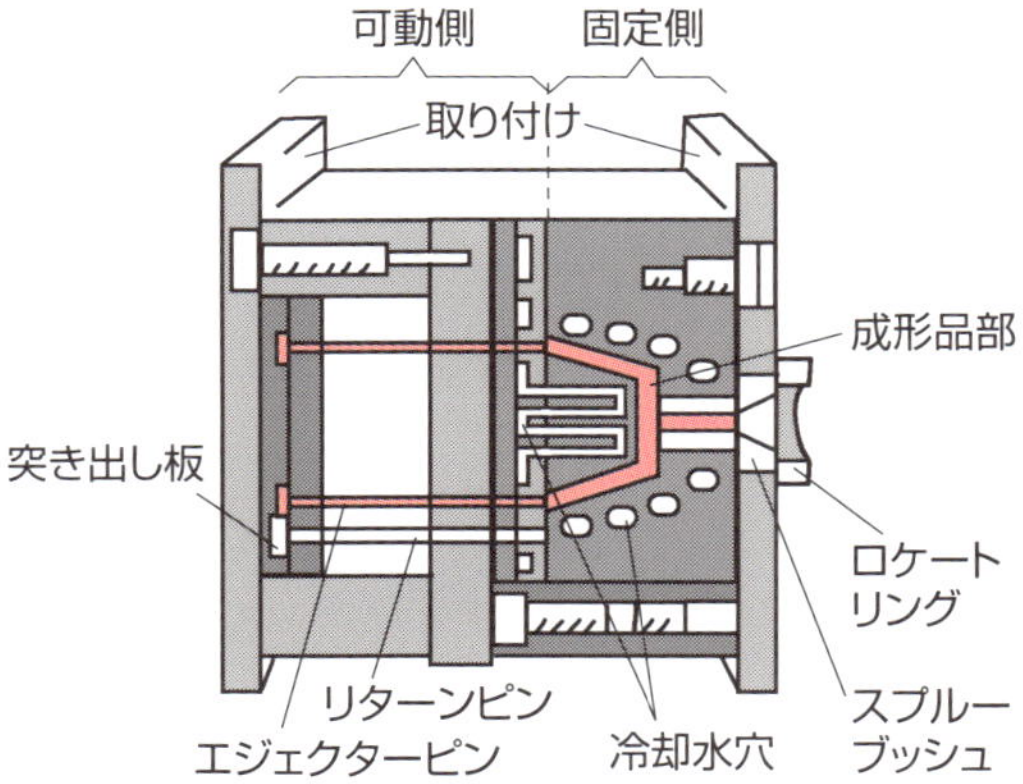

金型の構造

14 射出成形で製品が作られるまで

射出成形機を使って、プラスチック製品ができあがる様子をもう少し詳しく説明します。

プラスチック製品のことを成形品と呼びます。（射出）成形された品物だからです。先に説明したようにスクリューで、米粒のようなペレットと呼ばれるプラスチック材料を溶かして、スクリューの前に溜めておきます。次に、金型を型締め装置で締め付けます。そしてノズルというスクリュー・シリンダーの先についた注射器の出口の部分を、金型の入口の穴に押し付けます。このときも、この接触部分から溶けたプラスチックが漏れないように強く押し付けておきます。そして、スクリューを前に押して、溶けたプラスチックを金型の中に押し込んでいきます。金型の中に押し込まれたプラスチックは、だんだんと収縮しながら冷えていきます。そこで、しわしわの状態にならないように、入れ終わったあとでも、射出側から溶けたプラスチックを少し補充してやります。これを保圧といいます。

そして、まだ金型の中で熱い状態なので、それが冷えるのを待ちます。その間、次の成形のためにスクリューを回転させて、またプラスチックを溶かして溜めておく準備をします。これを可塑化と呼びます。

さぁ、やっと成形品が冷えてきたので、金型を開きます。金型を開いたときに、成形品は開く側の金型にくっついて出るように作られています。金型を開き終わっても、それだけで成形品が勝手に落ちてくれるわけではありません。金型につけられているピンや板などが、成形品を突き出すように金型は作られています。機械の突出し装置を使って、金型に工夫された突き出しを動かして、成形品を突き出して取り出します。これで、ひとつめの成形品のできあがりです。突出し装置を戻して、金型を再び閉めて、次の成形品の製造にとりかかるようにします。このサイクルを繰り返して、射出成形品の連続生産を行うのです。

射出成形のサイクル

要点BOX
- 型閉じ・型締め・射出・保圧・可塑化・冷却・型開き・取り出しが射出成形のサイクル
- このサイクルを繰り返して大量生産

射出成形の流れ

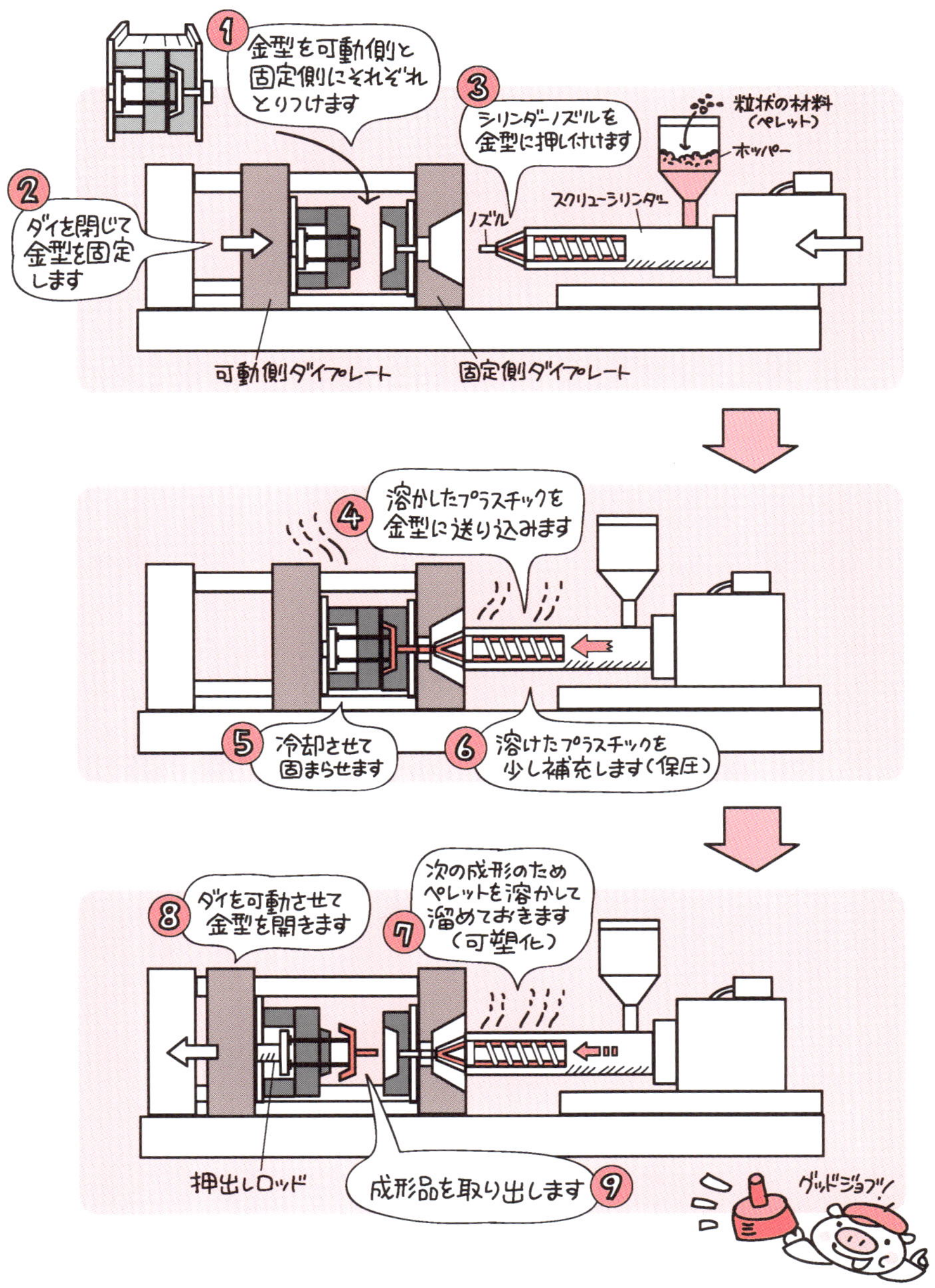

1 金型を可動側と固定側にそれぞれとりつけます
2 ダイを閉じて金型を固定します
3 シリンダーノズルを金型に押し付けます
粒状の材料（ペレット）
ホッパー
スクリューシリンダー
ノズル
可動側ダイプレート
固定側ダイプレート
4 溶かしたプラスチックを金型に送り込みます
5 冷却させて固まらせます
6 溶けたプラスチックを少し補充します（保圧）
8 ダイを可動させて金型を開きます
7 次の成形のためペレットを溶かして溜めておきます（可塑化）
押出しロッド
成形品を取り出します 9
グッドジョブ!

15 製品が取り出しできる金型

アンダーカットの処理方法

金型で作られる製品は、非常に温度の高い状態で成形されます。それが金型の中で冷やされて固まるので、温度が高いときには膨張していますが、温度が下がるに従い縮んでいきます。しわしわの成形品にならないように、保圧で補充しますが、それでも金型の寸法よりは、やはり少しは縮んでしまいます。

金型は、この縮み代をあらかじめ予測して作られています。この縮み量の割合を収縮率と呼んでいますが、この比率は、材料によっても成形の条件などによっても違ってくるのでとても厄介です。この収縮率を間違えると、製品の寸法が予定していたものより違ってくるので大変なことになります。自動車のインパネなどは、他の部品とも組み合わされているので、寸法が計画していたものよりも違ってくると、他の部品と組めなくなってくることもあります。

金型を開いて、製品を金型から取り出すときには、突出しをしますが、このときには、金型から抜け出しやすいように、ちょっと奥にいくほど小さくなるような勾配をつけて設計します。これを抜き勾配といいます。これは射出成形に限ったことではありません。

また、製品は、金型を開けば簡単に取り出せるような単純な形状をしたものばかりではありません。たとえばコップの横に穴が開いていると、この穴に金型がひっかかって抜けなくなってしまいます。このように抜けなくてひっかかってしまう部分をアンダーカットと呼んでいますが、このアンダーカット部分を金型内でいろいろとカラクリの工夫をして抜けるようにすることも、金型を作るうえで大切です。

金型には、いろいろな工夫が施されて、どうやって取り出せるのだろうかと不思議に思うような構造の製品も作られています。プラスチックバケツの本体と柄が一体でできたり、プラスチックのチェーンのようなものが、連続してつながってできたりすることも、不思議な金型といえそうです。

要点BOX
- ●金型は収縮率を見込んで作られる
- ●アンダーカットは、金型のからくりで対処

ひっかかりのある形とない形

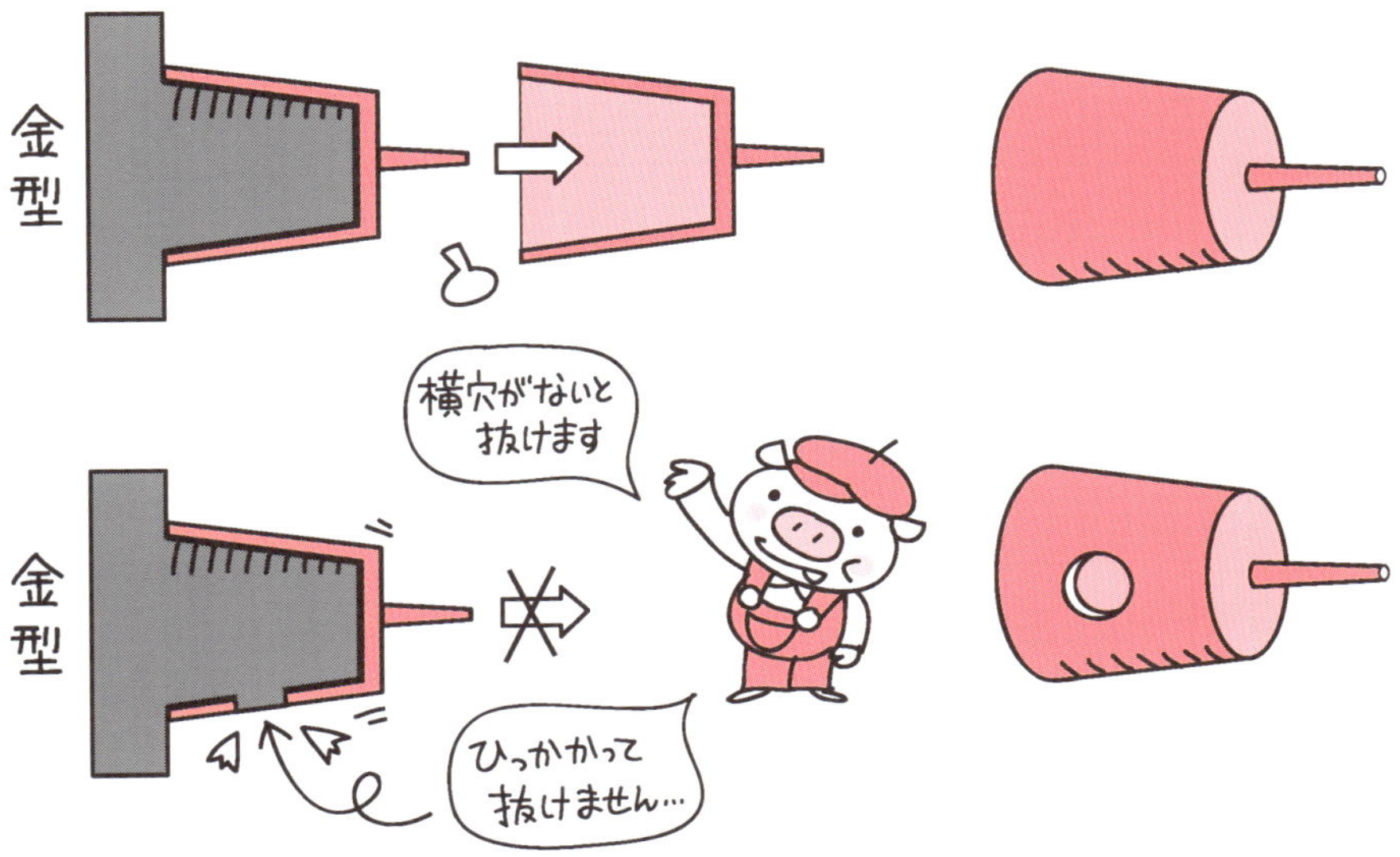

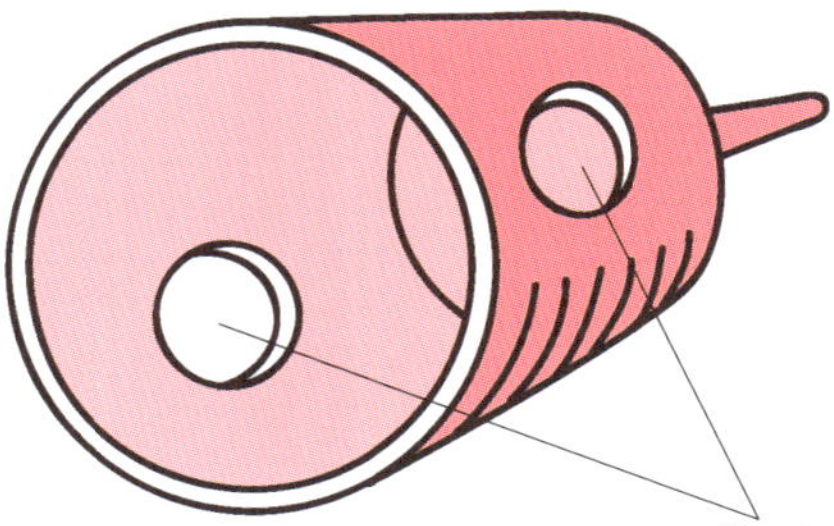

油圧コアでアンダーカットを抜く例

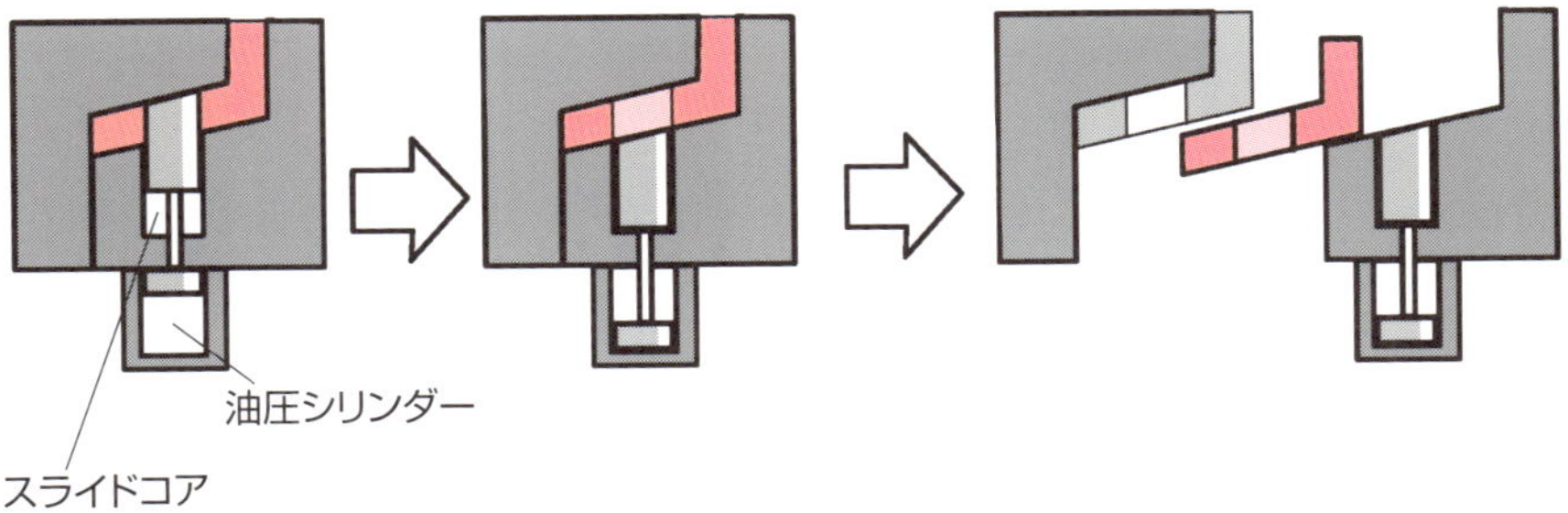

16 金型内部のプラスチックの流れ道

ランナーとゲート

プラモデルを組み立てる前の、箱に入っている状態のものを見たことがあるでしょうか？　いろいろな組み立てるための部品が、ほそい枠のような部分でつながっています。これは金型の中で、溶けたプラスチックが流れるための道なのです。溶けたプラスチックが流れる（走る）というところから、ランナーと呼ばれています。マラソン・ランナーと同じ意味のランナーです。

このランナーから、各部品の部分につながっているところから、製品部分にプラスチックが流れ込む門があります。ですので、この門の部分をゲートと呼びます。門を意味する英語です。射出成形で作られた製品には、必ずこのゲートの跡がどこかにあります。

プラモデルの場合には、製品の各部品をランナーにつないでおくために、後ほどニッパーなどでカットできるような大きさのゲートになっています。これは、通常、製品の横の方向についているので、サイドゲートといいます。しかし、これよりずっと小さなピン穴のようなゲートでも流すことができるのです。これはピンゲートと呼ばれています。ピンゲートの場合には、なかなか見つけにくいほど小さいこともあります。

お風呂の洗面器の裏側を見て下さい。真中に小さな臍のような跡があるのが見つかると思います。これがそのゲートの跡なのです。

ゲートにもいろいろな形のものがありますが、ピンゲートは、金型が開くと同時に、ゲートと製品とが自動的に分離されるような構造になっています。そのひとつが、潜水艦のサブマリンという名前の潜るという意味のサブマリンゲートです。金型が開くときに、エッジ部分で切り離されます。また、製品部とランナーの部分を一枚の板で分離して、金型が開くときに、引きちぎる三枚プレート式という金型構造もあります。

また、ランナーの部分をいつも溶けた状態にしておいて、成形品部分だけを冷やして取り出すホットランナー方式は、ランナーの無駄を省きます。

要点BOX
- ●ランナーは流れ道
- ●ゲートは製品への入口

サブマリンゲートの切れ方

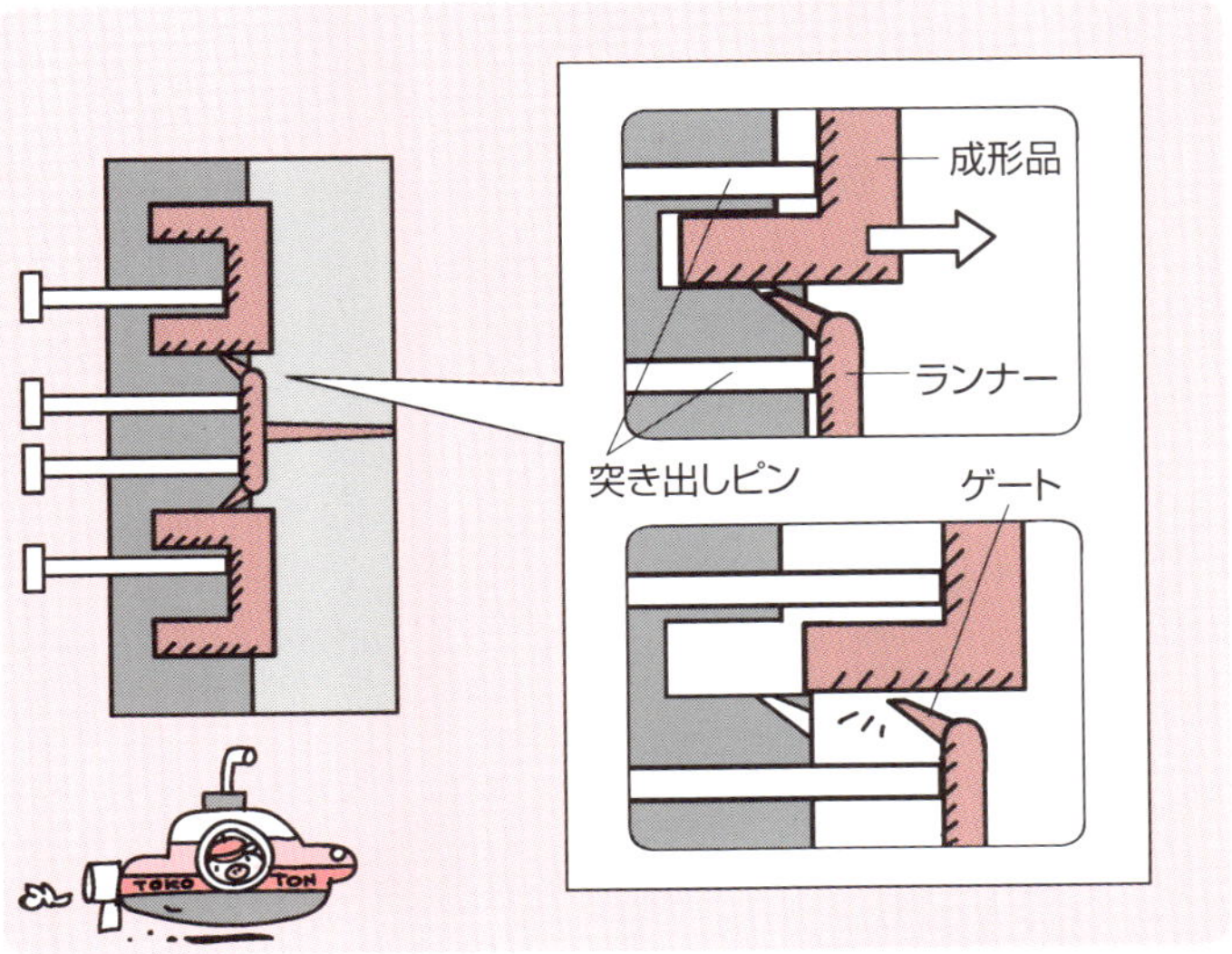

3枚プレート式のゲートの切れ方

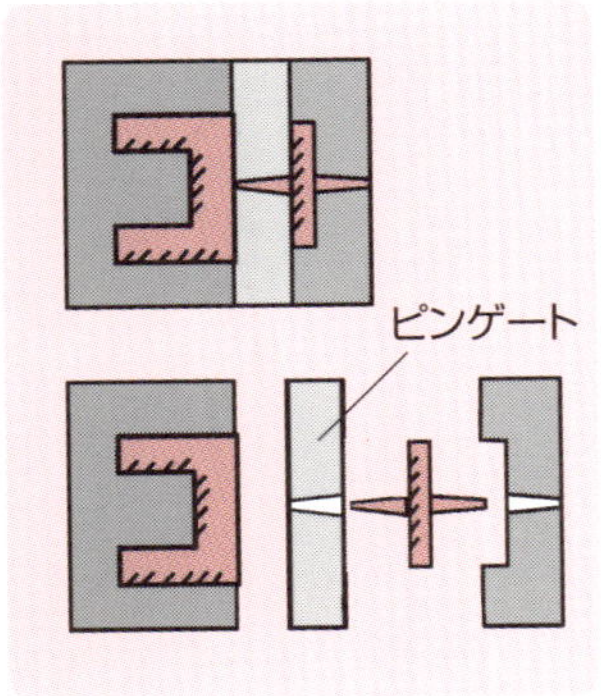

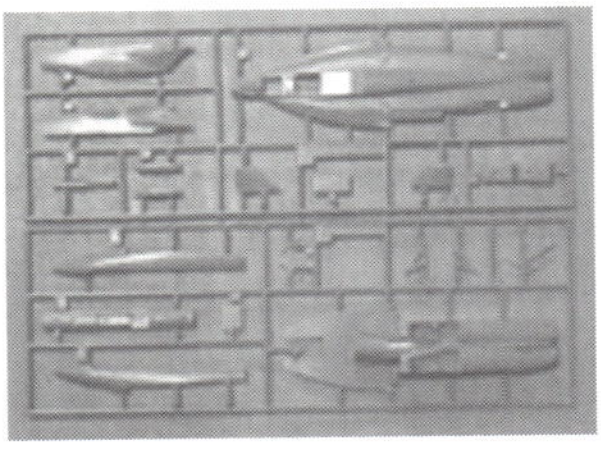

プラモデルをつないでいるのが
ランナー

実際のスプルー・ランナー・ゲート例

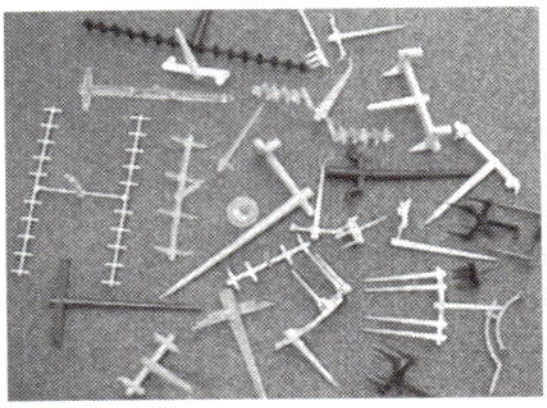

コールドランナーのいろいろ

17 多材質射出成形

二回射出する成形方法

プラスチックでできたコンセントやねじまわし（ドライバー）などは、金属の部分とプラスチックの部分でできています。これは金属の部分を金型に入れて、その周囲にプラスチックを射出成形することでできています。金属を先に押し込んでいるので、押し込むという意味のインサートを使って、インサート成形と呼んでいます。金型の中で、金属部分と柄とが組み立てられているのです。

それとは別に、電卓やパソコンのキーボードのタッチ部分は、白い文字の部分と黒い枠の部分の二つの部品で作られているものがあります。これは金型から取り出されるときには一体となって、組み立てられて出てきます。この成形方法は、先に白い部分を成形したあと、金型からその成形品を突き出さないまま、金型を回転させて、次の金型に入れます。そして、その周囲に黒いプラスチックを流し込めば、白い文字が入れ込まれたキーボードができあがります。

一つ目の金型を、次の金型に合わせるやり方としては、二つの射出装置が対向方向に向いていて、その間で金型が回転させられて、一次側と二次側に合わさる方法や、射出装置はL字配置されているものとか、V字配置のものもあり、一つの型締め装置の内部で回転するタイプなどがあります。

また、金型は一つのままで、金型の内部で金型の部分を動かして、一つ目と二つ目のプラスチックを入れる空間を区切るような方法もあります。これらの成形方法では、色だけでなく、材料の違うものも作ることもできます。自動車部品でも、固いプラスチックに柔らかなゴムのようなプラスチックを一体で作ることも行われています。

プラモデルでも、いろいろな色のプラスチックが一つの枝のようなものにくっついていますが、これも二つ、三つの射出装置を持った機械で、作っています。この場合は、二色以上になるので多色成形となります。

要点BOX
- ●1サイクルで、二色を一度に成形する二色成形方法
- ●色の代わりに材質を複数も可能

二色成形品の作り方

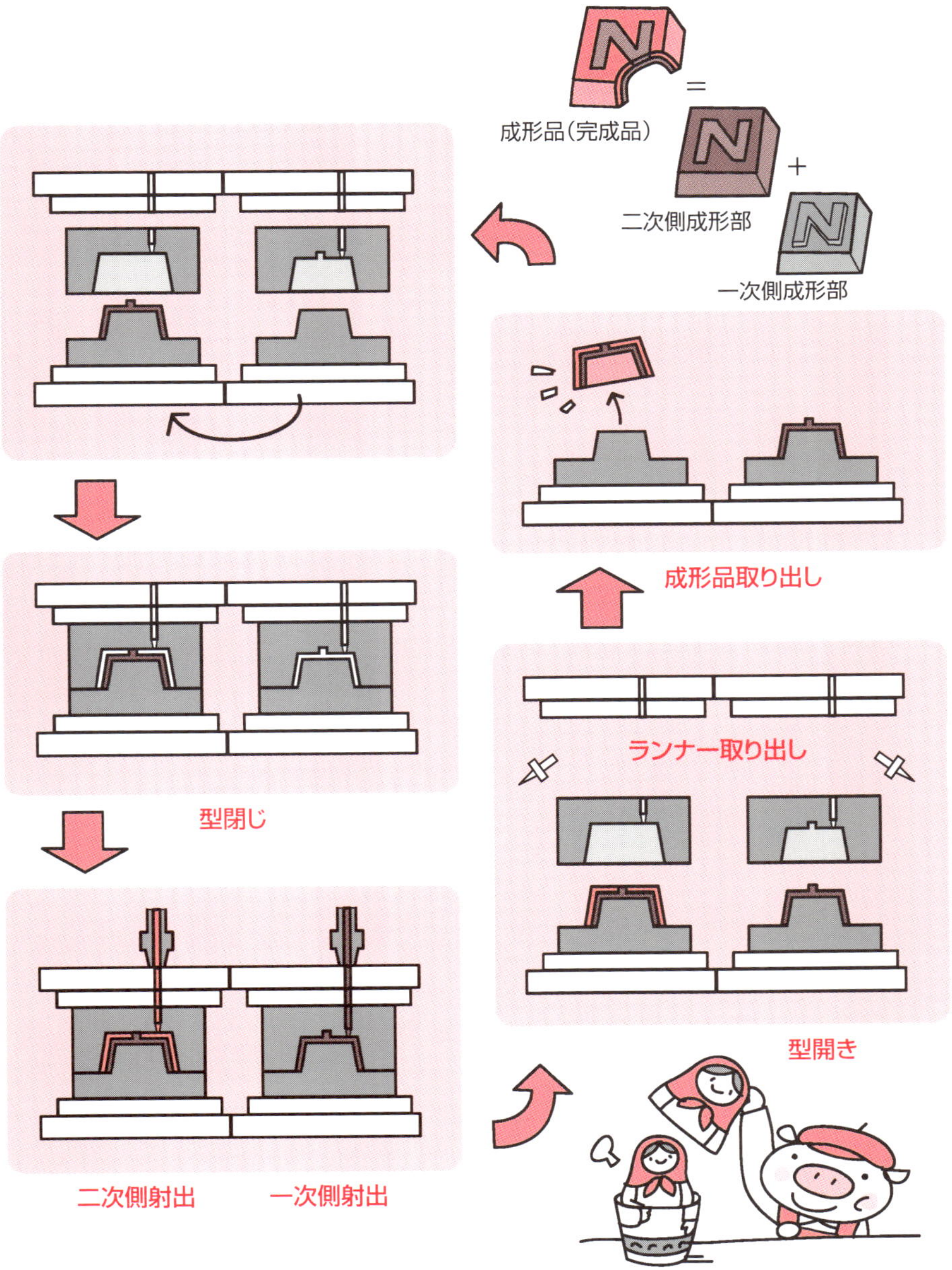
成形品（完成品）
=
二次側成形部
+
一次側成形部
成形品取り出し
ランナー取り出し
型開き
型閉じ
二次側射出
一次側射出

18 サンドイッチ成形と大理石調成形

色模様のできる射出成形

射出成形の中には、サンドイッチ成形と呼ばれる方法もあります。パンに具材を挟んだサンドイッチから名前がつけられましたが、射出成形品が食べることができるものという意味ではありません。サンドイッチのように、中に何かが入っているという意味で、このような名前がつけられたのです。

本来プラスチックは腐らないというのが特徴です。そのためにプラスチックの廃棄処理が問題になっています。何度か繰り返し使う方法もありますが、ごみが入ったり性能が少し落ちたりして、そのままでは使えない場合、その対策の一つの方法として、一度使ったプラスチックを内側に入れ込むという方法があります。内側が古い材料で、外側は新しい材料です。これがあたかもサンドイッチのようなので、サンドイッチ成形と呼ばれるのです。

このサンドイッチ成形の方法は、二色成形と同じように押し込むシリンダー（注射器）を二台用意します。そのときに、アンコの古いプラスチックの部分を作るために、外側を新しいプラスチックで包むように、内側に古い材料を流し込みます。そうすると、不思議なことに、内側は古いプラスチック、外側は新しいプラスチックという層になって流れていきます。実は、このように流すためには、溶けたプラスチック同士にも、いろいろな条件があって簡単ではないのですが、知恵を出せば、このようなこともできるようになります。

逆に、混じりあうようにすれば、二色が混じりあった模様のついたものができます。百円ショップなどで、色の混じりあった浴室道具などを見ることがありますが、この成形方法なのです。この二つの色を押し出すタイミングを変えることで、いろいろと模様を変えることもできます。もう一つ面白いことは、透明な材料同士でも、屈折率が違うものが混じると、微妙な大理石調の模様になることです。是非、このような目で、ワンコインショップの製品を眺めてみてください。

要点BOX

- ●二色のタイミングでサンドイッチになったり、マーブルになったりできます
- ●製品の内部に別材を入れ込んだサンドイッチ成形

サンドイッチ成形の作り方

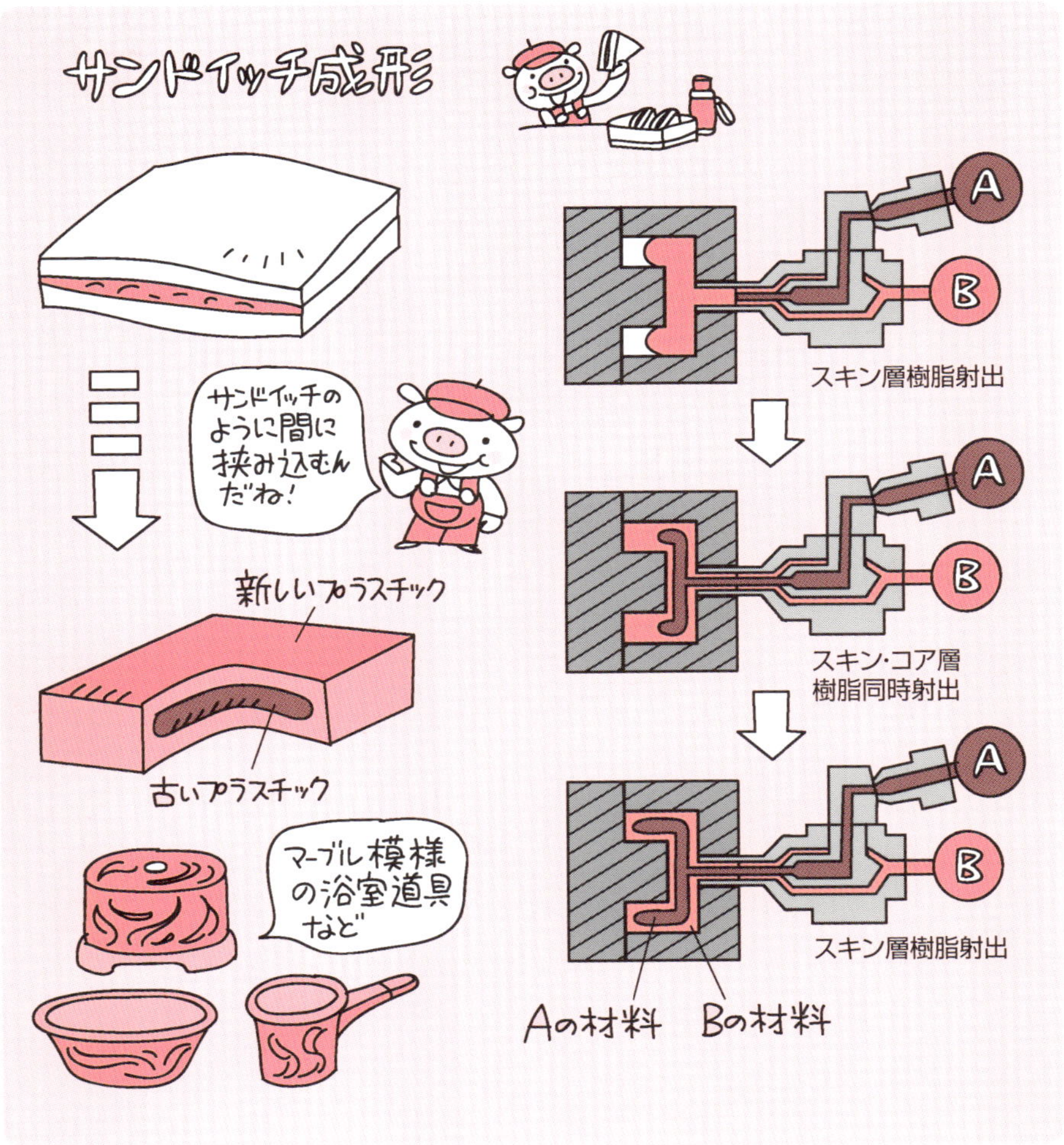

マーブル調の成形品
A材とB材をノズル
出口で混ぜた場合

19 ガスアシスト射出成形と水射出成形

高圧のガスや水を使う成形方法

射出成形で製品を作るときに、不良品として問題となるものにヒケや反り、変形というものがあります。これらヒケや反り、変形を直すには、製品の設計面から限界がある場合もあります。たとえばプラスチックは、溶けている状態から冷えて固まる間に収縮しますが、肉の厚い部分は冷えるのが遅く、逆に肉の薄い部分は早く冷えます。このように肉厚の違いによって冷え方が違うので、収縮の進行状況にも影響を与えるため変形する原因となります。

また金型には、プラスチックを冷やすために、冷却水を流す通路があるのですが、製品形状によっては冷却する通路がつけられないようなこともあります。これも変形の原因になります。ヒケについては、詳しい説明は省略しますが、厚いリブやボスのところに発生しますし、ゲートから遠い部分には、圧力が届きにくいので、これが原因でヒケが発生することあります。そして、このヒケを直すために高い圧力をかけると、圧力の不均一による変形になったりするので、痛し痒しなのです。

このような問題を解決するために、高圧のガスを押し込む成形方法がガス射出成形です。ガスで補助するので、ガスアシスト成形ともいわれます。ガスだと遠くまで圧力損失が少なく高い圧力を届けることができるので、圧力の不均一対策にもなります。また、溶けたプラスチック部分を押し出すので、その部分の肉厚も薄くなります。ガスアシストの方法にもいろいろなものがありますが、内部を中空にするほどガスを押し込むと、あとで説明するブロー成形に近くなりますが、吹き込み圧力は200気圧程度なので、ブロー成形よりは相当高い圧力です。ガスを入れる方法は、機械のノズルから入れる方法と金型から入れる方法があります。ガスの代わりに、高圧の水を使って肉厚品の内部の溶けたプラスチックを押し出して、パイプを成形する水アシスト成形もあります。

要点BOX
●ガスアシスト成形は、ヒケ、変形対策
●水アシスト成形で、パイプ成形の例

ガスアシスト射出成形

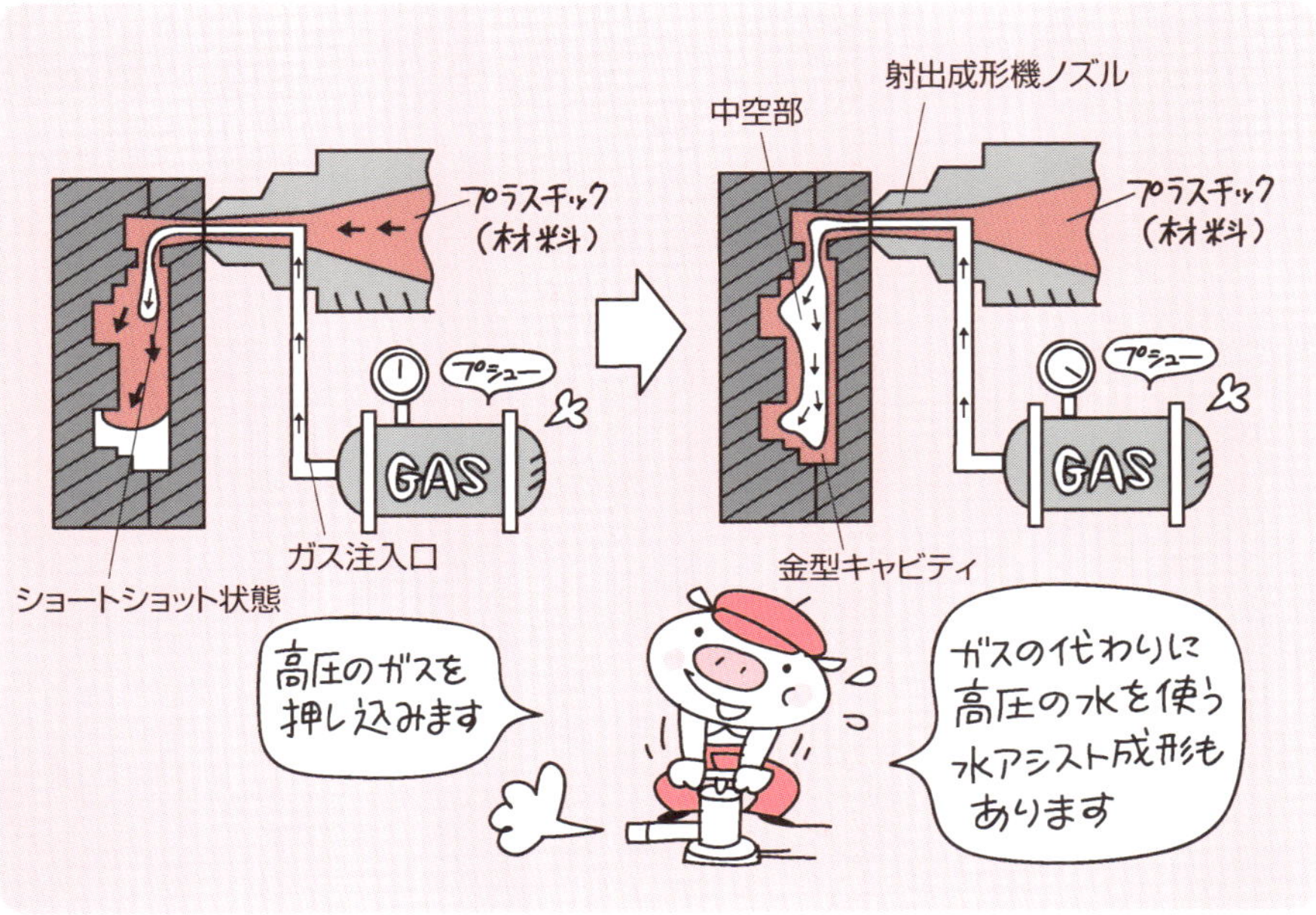

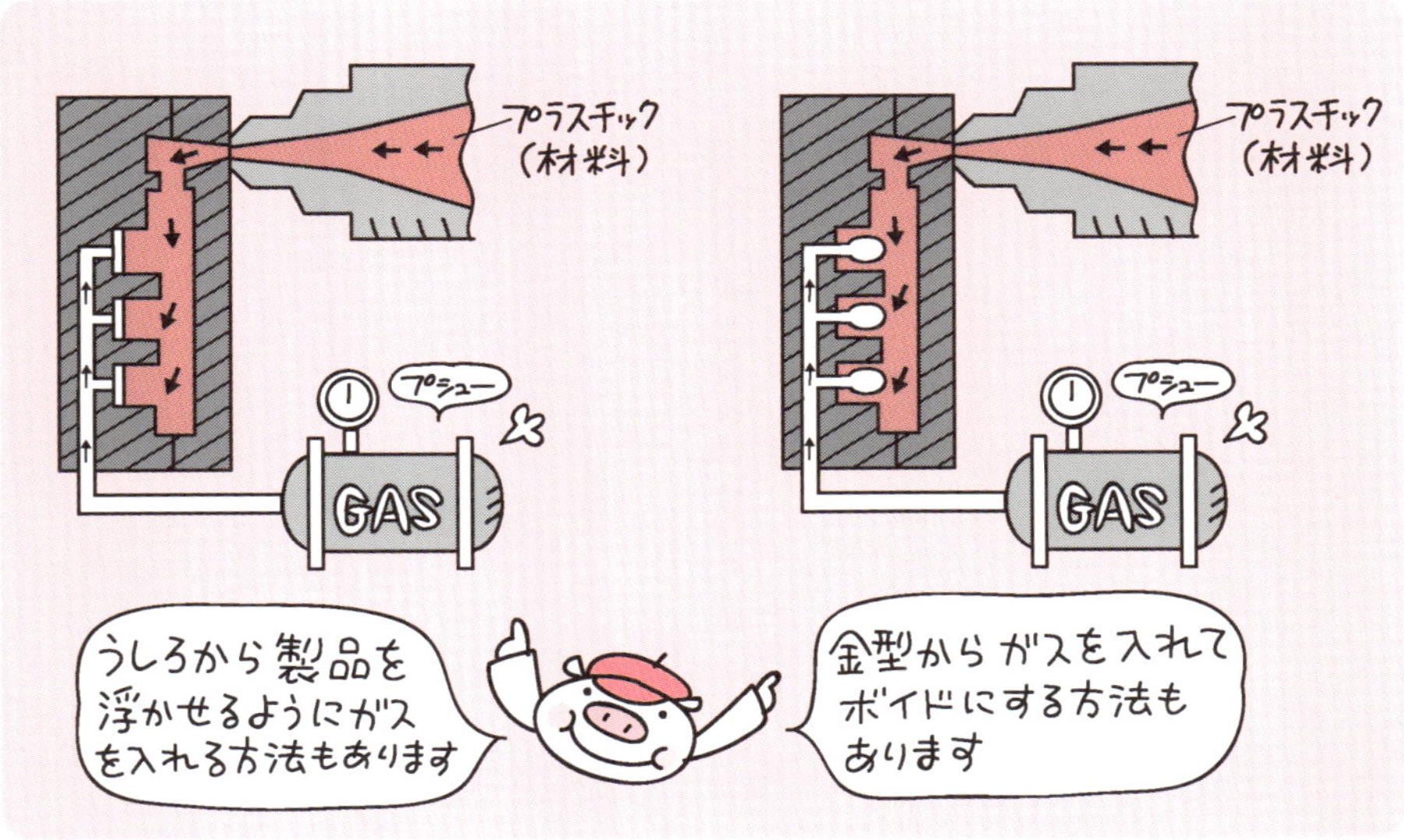

金型から成形品の肉厚部にガスを入れたり（右）、肉厚部の背面にガスを入れる方法（左）もあります。

20 プラスチック・ファスナーの成形

フープ成形するシステム

ズボンやバッグには、プラスチック製ファスナーがたくさん使われています。このファスナーを拡大してみると、同じような形の噛み合わせの繰り返しになっています。これは、連続した布を用意しておいて、これを金型で挟み込み、この布の上にプラスチックのこのような形状のものを射出成形しています。

ピンゲートでプラスチックを押し込んでいるので、金型を開くと自動的にゲートも切断されます。成形されたものを一旦突き出した後、この連続した布ごとずらして、また金型で挟み込みます。そしてつなぐようにして連続成形します。このとき次の成形の部分と、前に成形された部分とに、ずれが発生すると大変です。ファスナーは、そこで止まって動いてくれず、ファスナーの機能を発揮できなくなります。これは、射出成形という成形法だけではなく、布を移動する装置、位置決めを正確に行う方法など、いろいろな技術のチームワークで可能になっているものなのです。このチーム全体を、システムと呼びます。

このような成形には、縦型射出成形機が採用されることが多いようです。布が移動する側は固定したほうがやりやすいので、下側の金型が固定されています。これまでに見てきた射出成形機は可動側が固定されて、固定側と射出装置全体が動くようなしくみになっています。これだと、固定側と可動側の考え方も違ってきますが、固定、可動の概念を、射出装置を基準として考えれば、同じことです。横型の射出成形機を縦にして、可動側を止めた形になっていると思ってください。実は、このようなファスナーの成形方法は、他にも使われています。ファスナーの布の代わりに、薄い金属のシートを使って、これに半導体のICを載せれば、ICをプラスチックで封止する機械になります。このように、金属や布などを連続したコイル状で、金型にインサートして行う成形をフープ成形と呼んでいます。

要点BOX

- ●ファスナーは連続成形システムで作ります
- ●縦型の射出成形機もあります

プラスチックファスナーの作り方

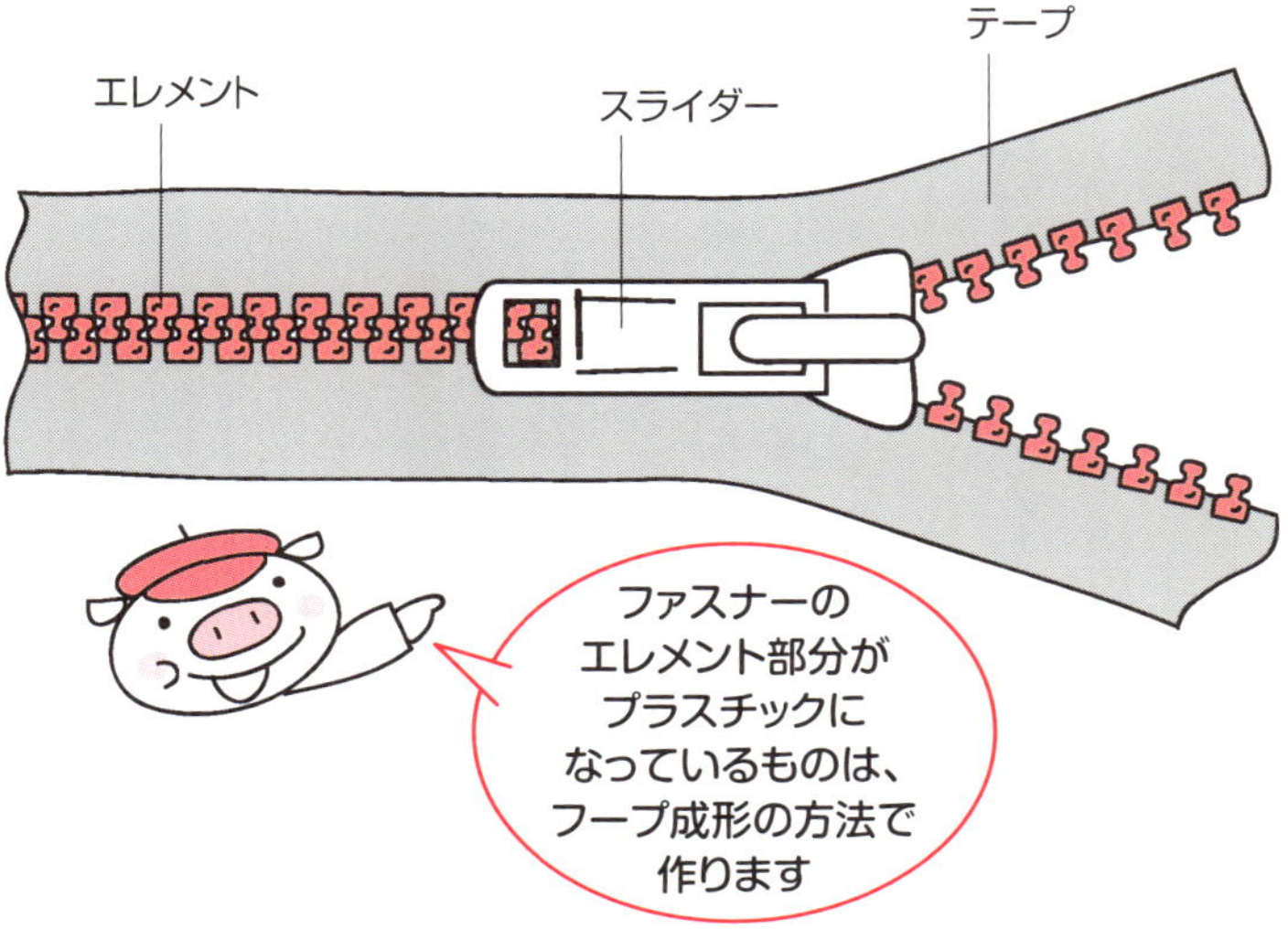

フープ成形システム

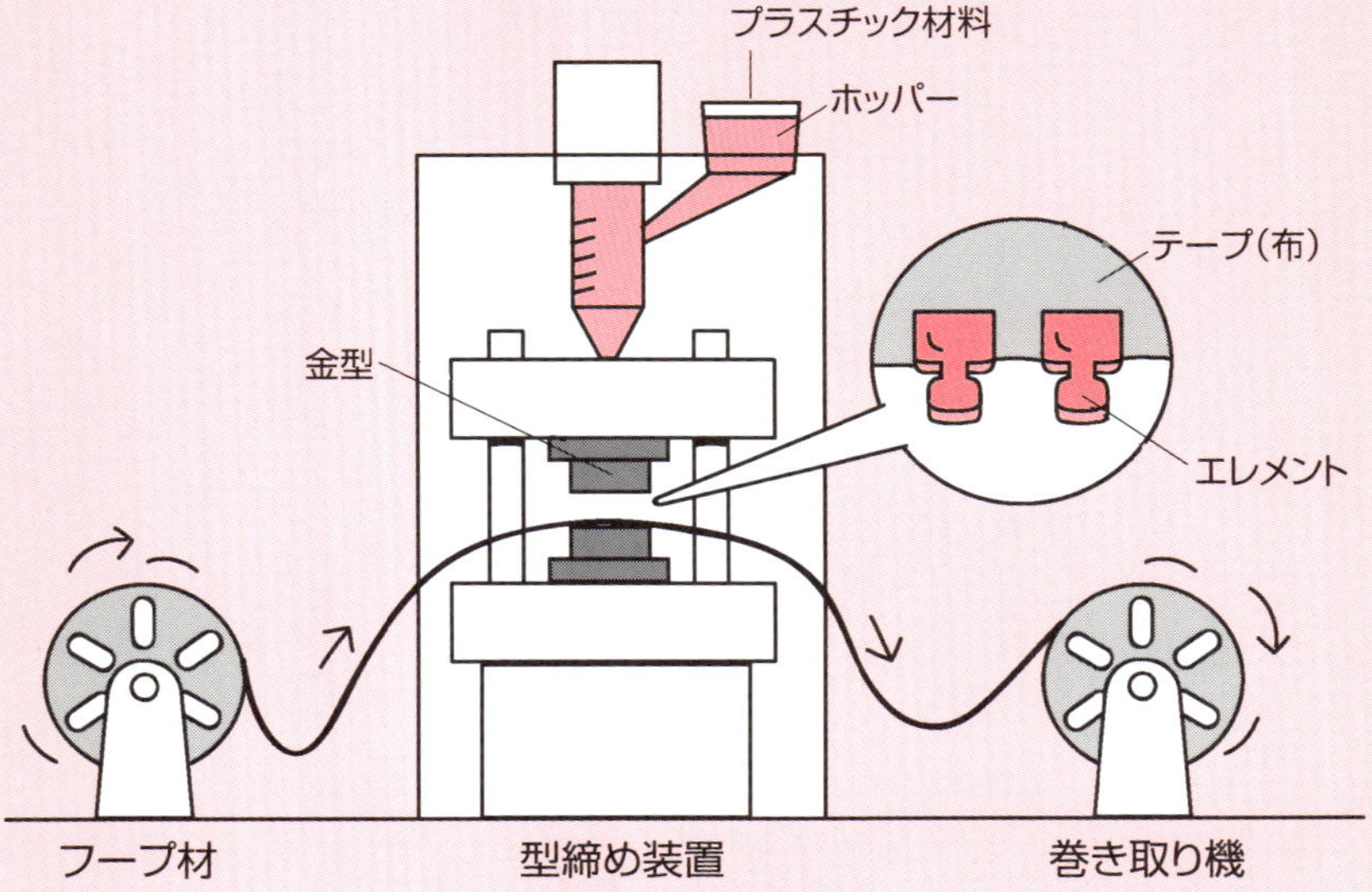

21 プラスチック磁石

射出成形で作る磁石

プラスチック自体が磁石になるものも最近では開発されていますが、ここではプラスチックに、フェライトや希土類などの磁石の粉を混ぜて作った磁石のことです。これを体積比で70％程度プラスチックに入れ込んで混ぜ合わせています。プラスチックは、磁石を形にして固める役目をしています。プラスチックとしては、エポキシ樹脂やナイロンなどが使われます。70％程度なので、磁石本来のものよりも磁力は弱くなりますが、射出成形で作られるので、複雑な形状のものを早く作れます。

プラスチック磁石には、等方性のものと異方性のものがあります。等方性のものは、単に磁性粉を混ぜた材料を金型に射出して作っています。このとき、磁性粉の向きはプラスチックの中でいろいろな方向を向いていて、磁気的にも特別な方向性はないので等方性と呼ばれます。成形後には、まだ磁石としての機能はせず、成形後に磁界をかけて磁石にしています。イメージは、いろいろな方向を向いた微小な磁石がNSになります。

これに対して異方性とは、プラスチックの中の微小な磁性粉の方向を揃えたものをいいます。ちょっと勘違いしそうですが、方向が揃ってランダムではないので異方性なのです。その方向の揃え方は、あらかじめ揃えたい方向の磁界を金型の内部に発生させておきます。この金型は、磁石になる磁性鋼と磁石にならない非磁性鋼とを組み合わせて、磁気の回路を作ってあります。金型だけで回路を作る場合もありますが、射出成形機と一体で回路を作ることもあります。このようにして磁界をかけた中に、溶けたプラスチック磁石を入れると、磁性粉が揃います。このままでは、金型の中でも強い磁石になっているので、取り出す前には、NSの向きをランダム化して磁性を弱くします。そのときに、磁性粉の向きは変わりません。そして、その後、目的とするパターンのNSを磁石にします。

要点BOX

- ●等方性プラスチック磁石は普通の射出成形
- ●異方性プラスチック磁石は磁界を作る射出成形

等方性と異方性磁石

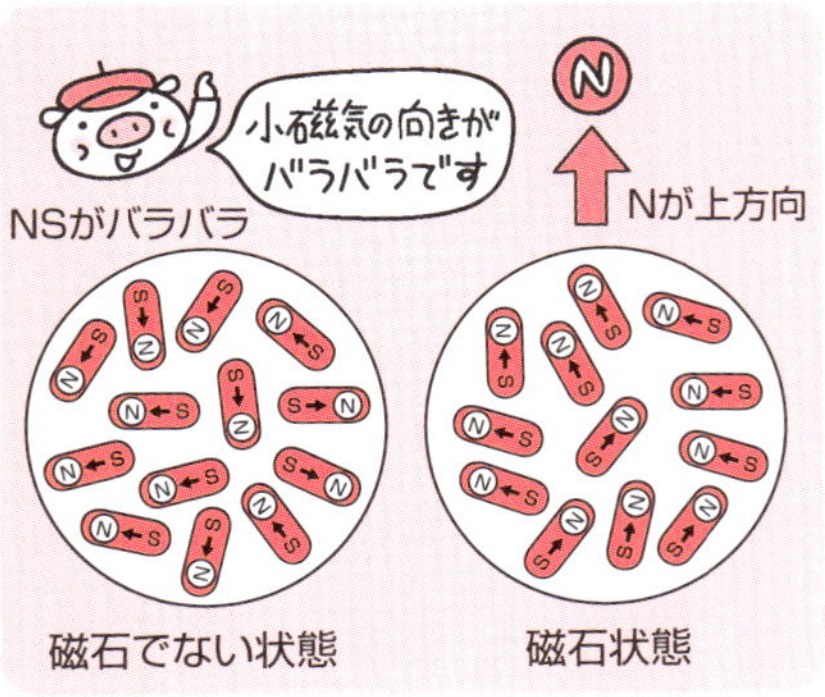

等方性プラスチック磁石

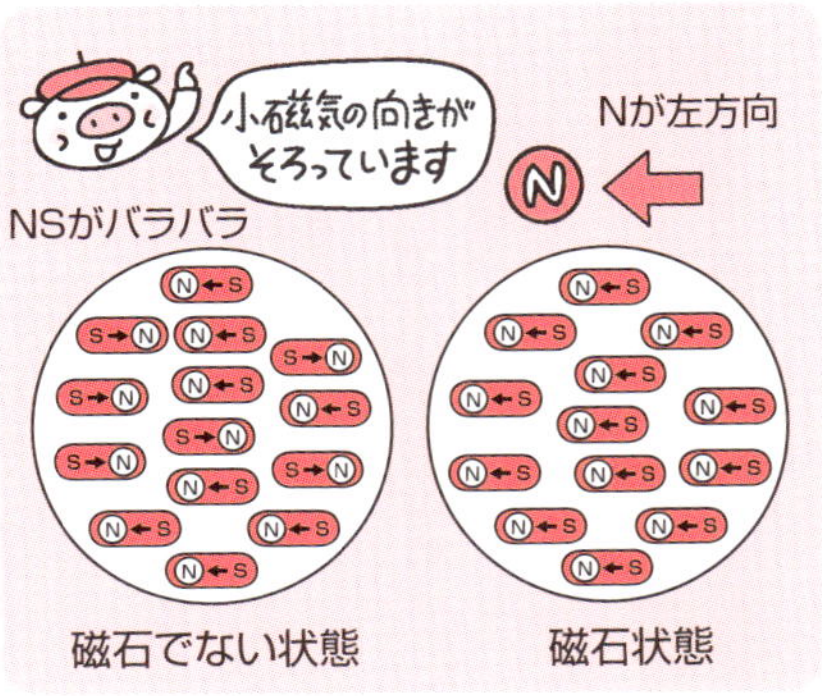

異方性プラスチック磁石

異方性プラマグ成形機

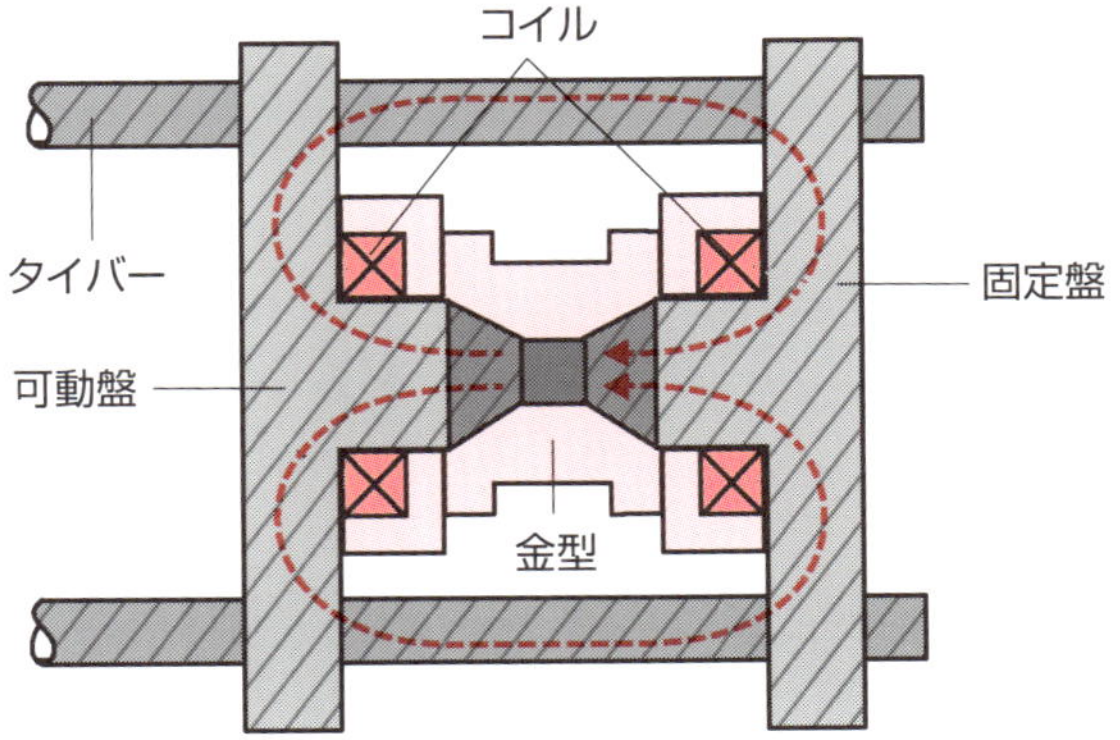

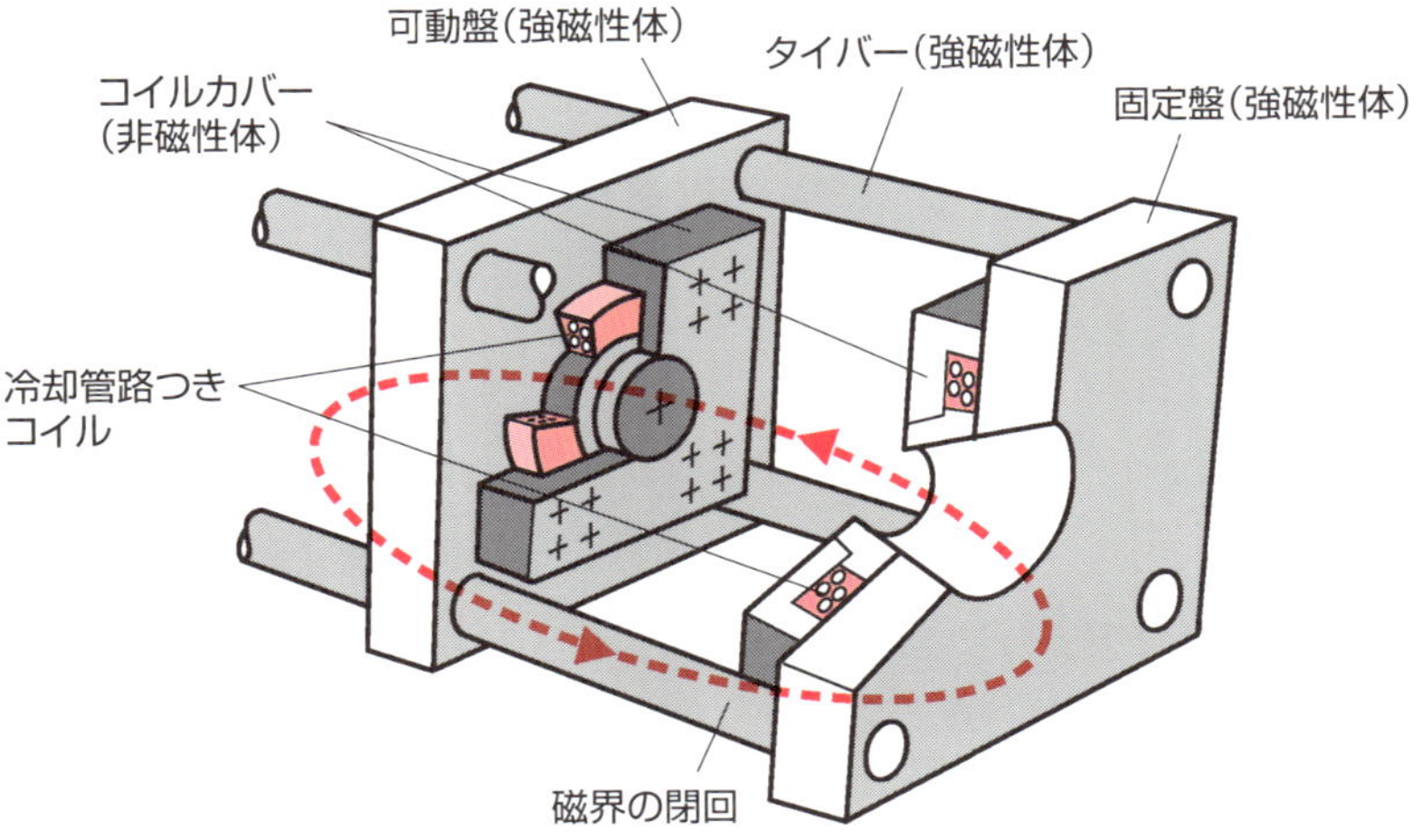

22 中空品の射出成形

金型内で組み立てる成形方法

ペットボトルのような内部が中空のものを射出成形で作ることは苦手です。あとで中身だけを溶かして、中空を作る方法もありますが、生産性が悪いのです。のちほど紹介するブロー成形という、空気を吹き込んでふくらませる成形方法でボトルなどは作られていますが、射出成形したものに空気などの気体を吹き込んでも、それだけではペットボトルのような薄い容器はできません。空気を吹き込んで、外側だけが固まったころ、内部の溶けている部分だけを押し出せば中空のものができます。実際に、そのような方法でパイプのようなものが作られています。空気ではなく、水などの液体を使うこともあります。しかし、射出成形では非常に高い圧力でプラスチックが押し込まれているので、空気や水を押し込む場合にも、やはり相当高い圧力でないと入っていきません。そして、金型に接触して冷えて固まった部分の厚さにもむらがでてくるので、なかなか均一の厚さの中空のものを作ることが難しいのです。

しかし、これを半分にして、片方ずつ射出成形で作る方法も考えられて実用化されています。半分ずつのものを、金型の中で動かして合体させ、そのあとで、その合体部に溶けたプラスチックを流し込んで溶かしてくっつけます。

これは、射出成形で中空体を作る方法ですが、中空の中心に芯を入れてゴルフボールを作る方法もあります。芯を先に金型の中に入れ、金型のあちこちからピンを出して、芯を金型から浮かして保持します。そして、金型を閉じて、芯の周りに溶けたプラスチックを射出します。そのままでは、芯を浮かしているピンの部分にプラスチックが入りません。そこで、芯の周りにプラスチックが入ったころに、これらのピンを引き抜きます。すると、芯が中心に入った状態で、その周囲が新しいプラスチックでおおわれて、芯の入ったゴルフボールが完成します。

要点BOX
- ●周囲を成形して、組み合わせて、接合部を射出成形する型内組立て成形方法
- ●芯を支えて射出し芯を残す成形方法

型内組立て成形方法

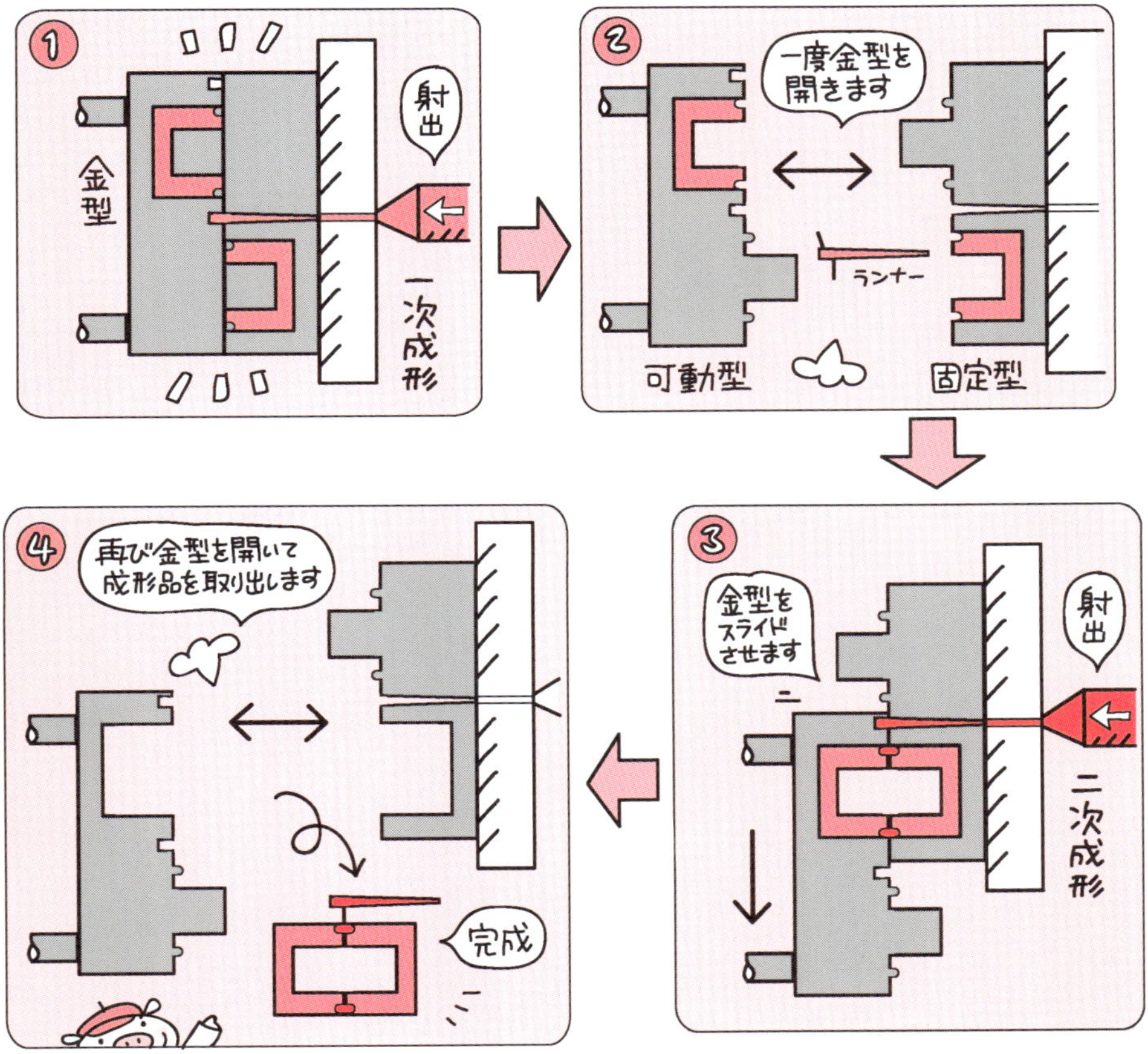

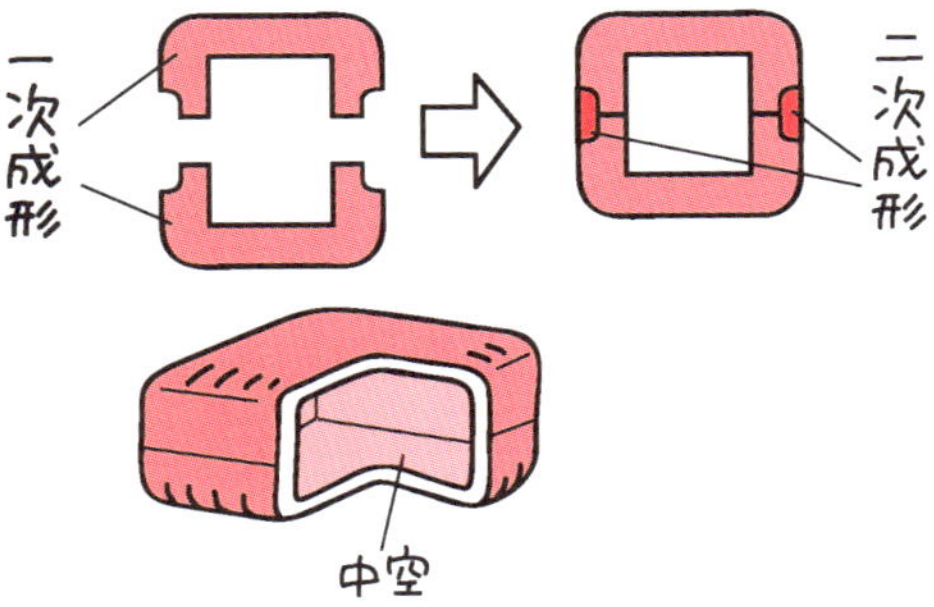

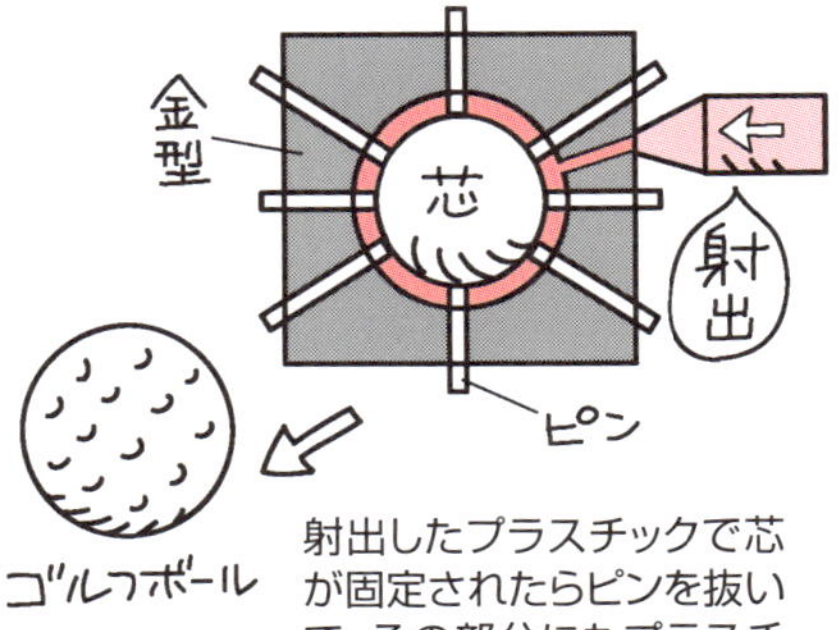

射出したプラスチックで芯が固定されたらピンを抜いて、その部分にもプラスチックを入れます。

23 成形品の不良品

良品と不良品、合格品と不合格品

プラスチック成形品に限らず、工場などの生産現場で製造されるものには、合格品と不合格品があります。合格品、不合格品は、良品と不良品とも呼ばれています。しかし、この基準は、製品の要求品質によって異なっているので、一概に不良と言い切ることはできませんが、一般的な射出成形の不良とはどんなものかを紹介します。

まず、バリですが、製品の部分以上に入り過ぎて、はみ出したものがバリです。無理に高い圧力で押し込み過ぎたり、型締め力が不足して金型が開いてしまった場合などに発生します。この反対が製品であるのに、ある部分が欠けているものがショートショットです。押し込みの圧力が不足したり、製品形状が薄過ぎて入らない場合などの不良です。

つぎは、製品のある部分が凹んでいるヒケです。冷却時の収縮によってできるものですが、収縮を抑えるように押し込む圧力が低い場合や、製品が部分的に厚い場合などに発生します。収縮が製品の表面ではなく内部にできると、ボイドと呼ばれる気泡になります。これもヒケと同じ原因ですが、金型温度などのちょっとした条件の違いで、ヒケになったりボイドになったりもします。

反りや変形、寸法不良なども場所場所によって微妙に収縮の仕方が異なることによる不良です。その他に、溶けたプラスチックが金型の中でぶつかるときにできるウエルドライン、流れるときにぎくしゃくした流れによって発生するフローマーク、ゲートから飛び出したマークのジェッティング、材料の乾燥不足やスクリュー・シリンダーや金型で空気を巻き込んでできるシルバーストリークなど、いろいろなものがあります。

これらの不良を対策するためには、プラスチックや金型、そして射出成形機の知識も必要です。このため、二級から特級までの技能試験が国家試験としてあるほどです。

要点BOX
- ●良品・不良品の判断は要求される品質により異なる
- ●成形には技術が必要で、国家試験がある

不良の種類

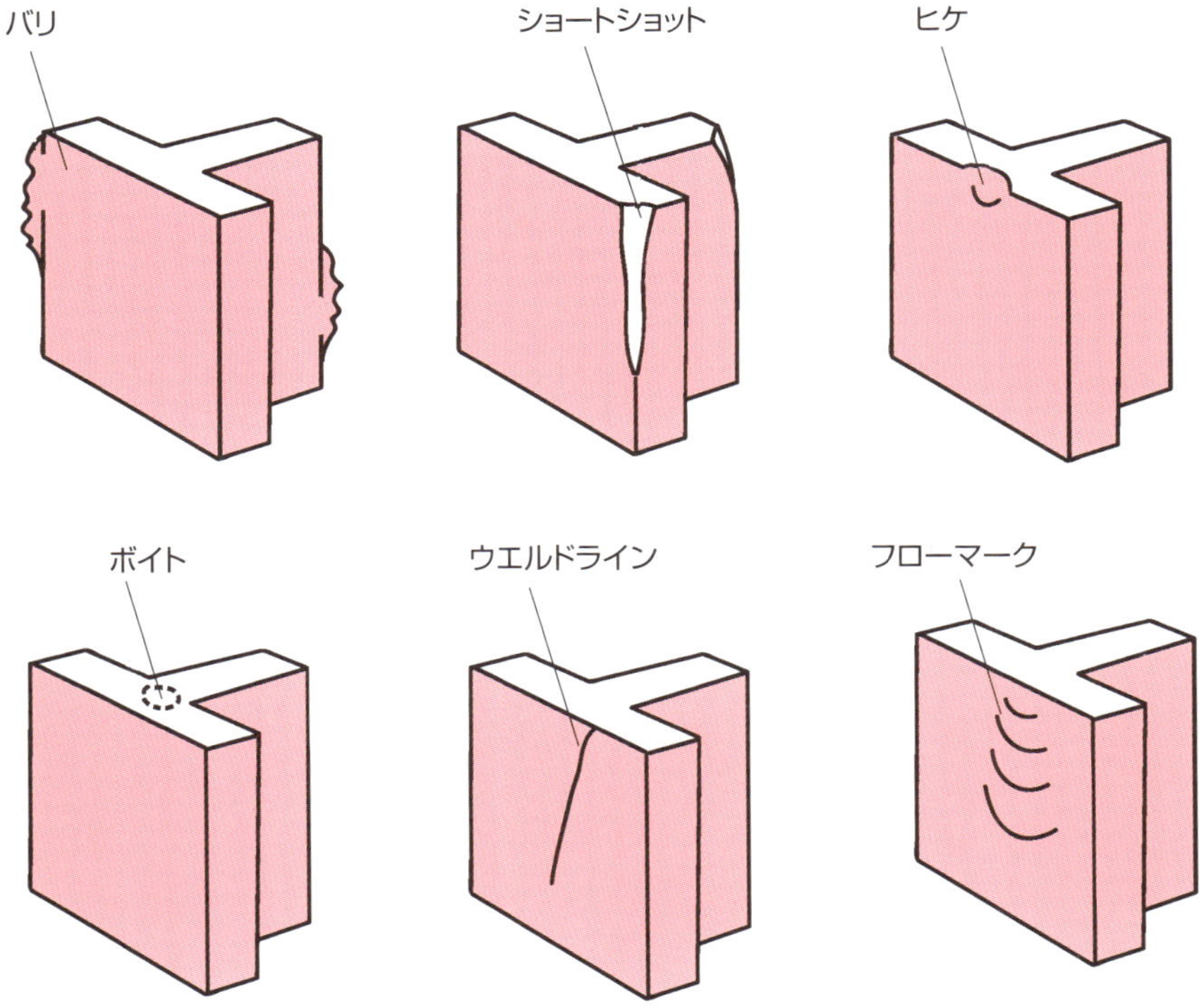
バリ
ショートショット
ヒケ
ボイト
ウエルドライン
フローマーク

国家試験もあります
成形技能
特級
一級
二級
成形には、プラスチック、金型、成形機の知識が必要です
成形

Column

射出成形は
プラスチック成形の王様

射出成形は、プラスチック成形の中でも、最も多く使われている方法です。その理由は、金型さえ作れば、複雑な形のものであっても、同じものを何万個と作り続けることができるからです。ですからプラスチック成形の王様とも呼べるものなのです。射出成形で作られる製品を身の周りで見てみましょう。まず、家の中では、テレビの外枠や掃除機や洗濯機、冷蔵庫、扇風機、電気炊飯器の外枠やケースなども射出成形で作られています。DVDやCD自体も射出成形品です。

お風呂を覗くと、洗面器や椅子もそうです。車に乗ると、内側ではインパネと呼ばれるインストルメントパネル、ドア、インパネ周りのメーター類やエアコンの空気出口、コンソールなどの内装部品にも多くの射出成形品が使われています。外側ではバンパー、サイドミラー、ボンネットを開けるとエンジンカバーやヒューズボックス、インテークマニホールド、カバー類にも使われています。

街を歩いて、おもちゃ屋に入ると、たくさんのおもちゃが並んでいます。プラモデルなどもそうです。スーパーに入って、買い物をするときの、あの買い物籠も射出成形品ですし、百円ショップの食器や物入れの箱などもそうです。このように、身の周りで射出成形品を見つけられないことはあり得ないほど、射出成形品は当たり前のようになっているのです。

このように、射出成形はプラスチック成形の主流なのですが、射出成形ではできない形のものもあります。それを知るためには、もう少し、射出成形以外のものを見ていくことにします。

第3章

トコロテンに似た押出し成形

24 金太郎飴式押出し成形

トコロテンのように押し出す

みなさんは、塩ビ製のパイプを見たことがあると思います。家の軒沿いの雨どいや床下の下水管、水道管がそれです。このようなパイプの形をした成形品は、トコロテンを押し出すような方法で作られるので、押出し成形と呼ばれています。この押出し口から、溶けたプラスチックが出てくるので、形はこの押出し口の形で決まります。この形を決める型の部分を、ダイスあるいはダイと呼びます。これも金型です。断面形状は、単純な丸い形や四角の場合もあれば、入り組んだ複雑な形をしたものもありますが、型から出てきたときは、金太郎飴のように、どこを切っても同じ形なのが特徴です。押出し成形でも、スクリューが使われますが、原材料は射出成形で使用されるペレットではなく、粉が使われることが多いです。実は、ペレットは、わざわざ取り扱いやすいように成形したもので、もともとは粉なのです。しかし、本来の粉状のプラスチックだけでは、まだ使い物になるような性能が発揮できません。性能を発揮するためには、鼻薬であるいろいろな添加物を加える必要があります。押出し成形の場合には、射出成形や他の成形と比較して、スクリューは連続で回転させておいて、形も同じものを作り続けるので、本来のプラスチック原料粉と添加剤を混練したほうが効率的なのです。ここでいう添加剤とは、紫外線に対して強くしたり、滑りをよくしたり、傷がつきにくくしたり、強度を増加させる鼻薬であるいろいろな混ぜ物です。

しかし、これらをまんべんなくしっかりと混ぜるには結構大変なエネルギーが必要です。そのために、押出し機のスクリューは、単軸（一本）でも、特殊な構造をしたものが先端についていたり、二軸（二本）になっているものもあります。二軸方式では、二本が同じ方向に回転したり、反対方向に回転するもの、二軸でも、先にいくほど細くなっているものなど、強く練り込む工夫がいろいろされています。

要点BOX
- ●押出し成形は混練が重要
- ●同じ切り口形状

まっすぐな形の押出し成形

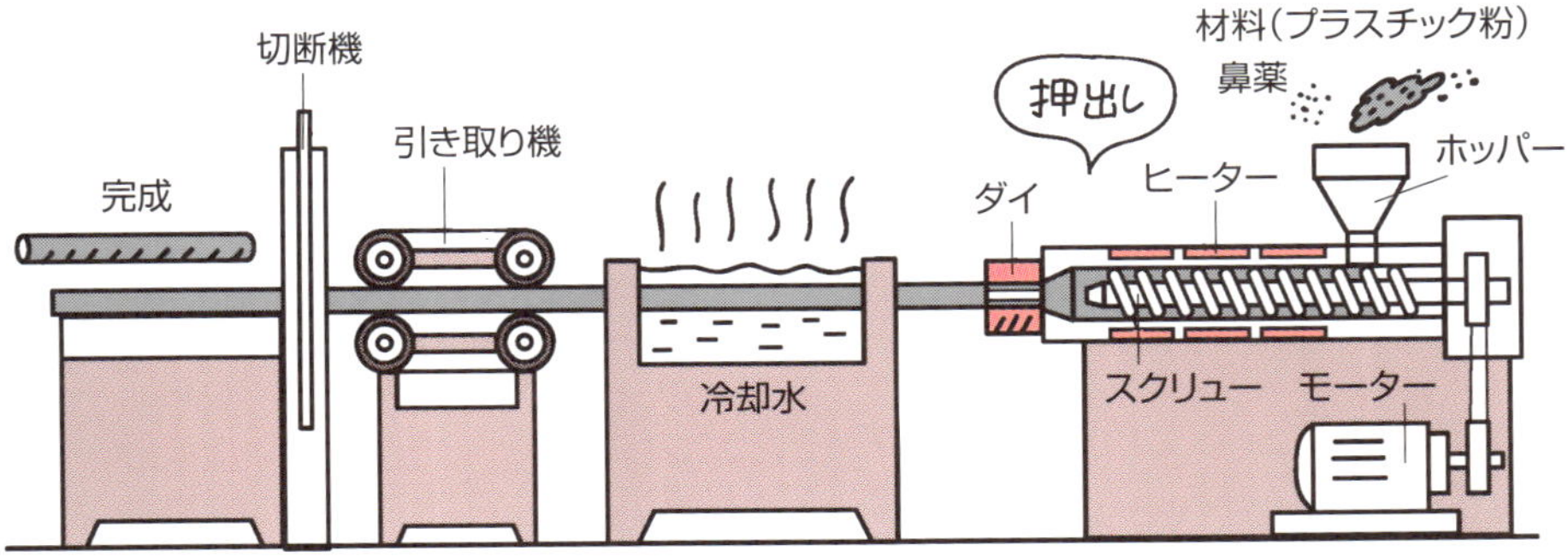

いろいろな形のスクリュー

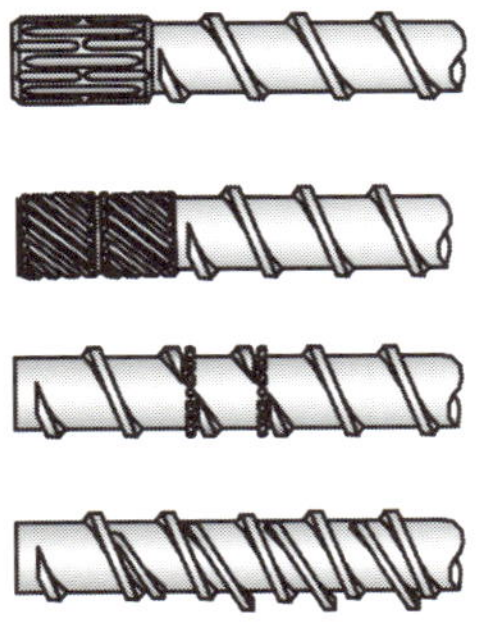

二本で先細スクリュー

同方向も異方向回転もあるよ

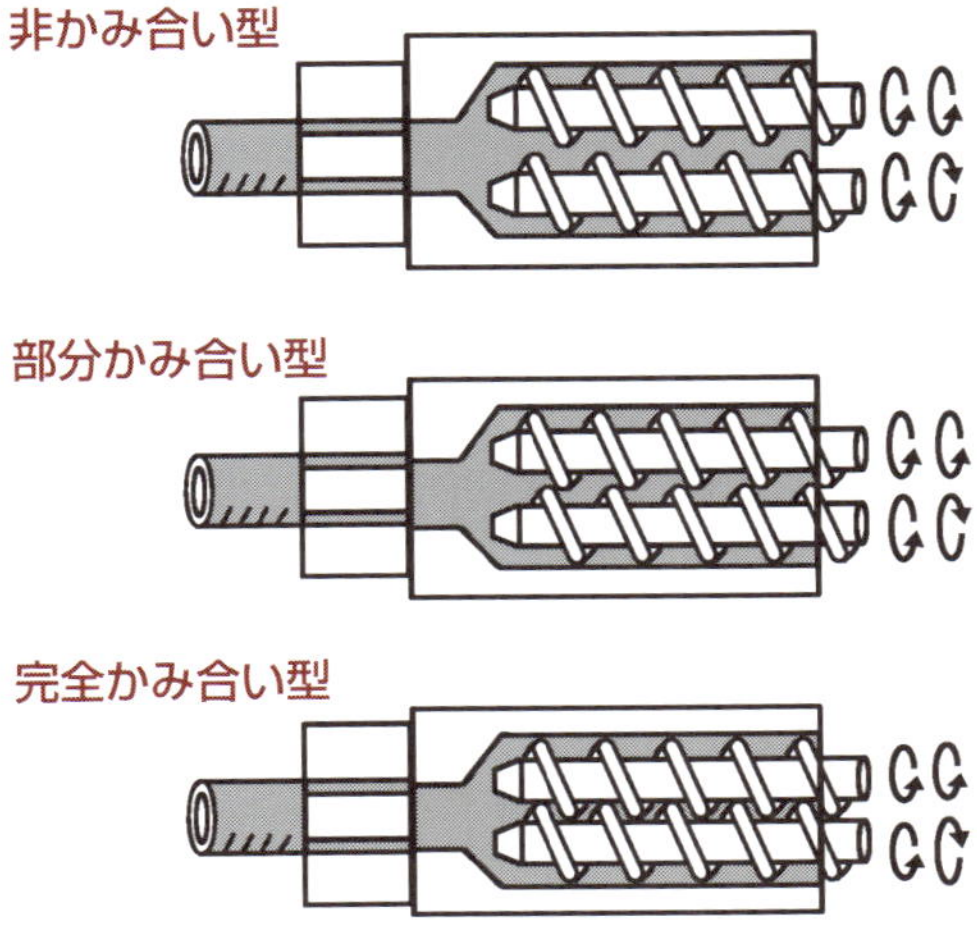

25 パイプの押出し成形

ダイとサイジング

押出し成形で作られる形状は、ダイの形どおりそのままきちんとできるわけではありません。プラスチックがダイから押し出される前は、200kgf/㎠程度の高い圧力になっています。プラスチックは、出口で膨張します。また、ダイの形が、たとえば四角だと、角部とまっすぐなところでは冷え方も違います。そうすると、ダイから出てきた後では少しふくらんだり、角の部分が反ったりゆがんだりします。そのため、ダイの形も、押し出されてくるときの変形をあらかじめ考慮して作らないと、期待する形どおりにはならないのです。このダイの形状を決める設計が、結構大変であろうことは想像できると思います。

もうひとつ押出し成形の面倒なところは、押出し機から出て来た段階では冷え切っていないことです。射出成形や、あとで説明するブロー成形などでは、金型の中に溶けたプラスチックを押し込むので、金型に接触して冷えてくれますが、押出し成形の場合には、大気に出てきます。そのままでは、重力で垂れ下がって変形してしまうので、その変形を抑えて、形状を保持し、また、寸法も確保するために、サイジングという工程を、押し出したあとにします。

複雑な形をした押出しを異形押出し成形といいます。これにはABSやポリカーボネート、ポリエチレンも使われますが、硬質塩化ビニル（硬質塩ビ）が多く使われています。塩化ビニルは、ポリエチレンの一つの水素が塩素に代わったものと先に説明しました。これに可塑剤という添加剤を加えると、添加量により柔らかさが大きく変化します。硬質塩ビとは、この可塑剤の量が少なくて、固い塩ビのことをいいます。雨どいや水道管などの灰色の管も硬質塩ビ製です。可塑剤の量を増やしていくと、ゴムのように柔らかな軟質塩ビになります。とても便利な材料です。軟質塩ビやポリエチレンなどの柔らかい材料に発泡剤を加えてふくらませて、クッション材なども作られています。

要点BOX
- ●押出し後のサイジングも重要
- ●発泡剤を加えてクッション材に

ダイの形と押出し成形品

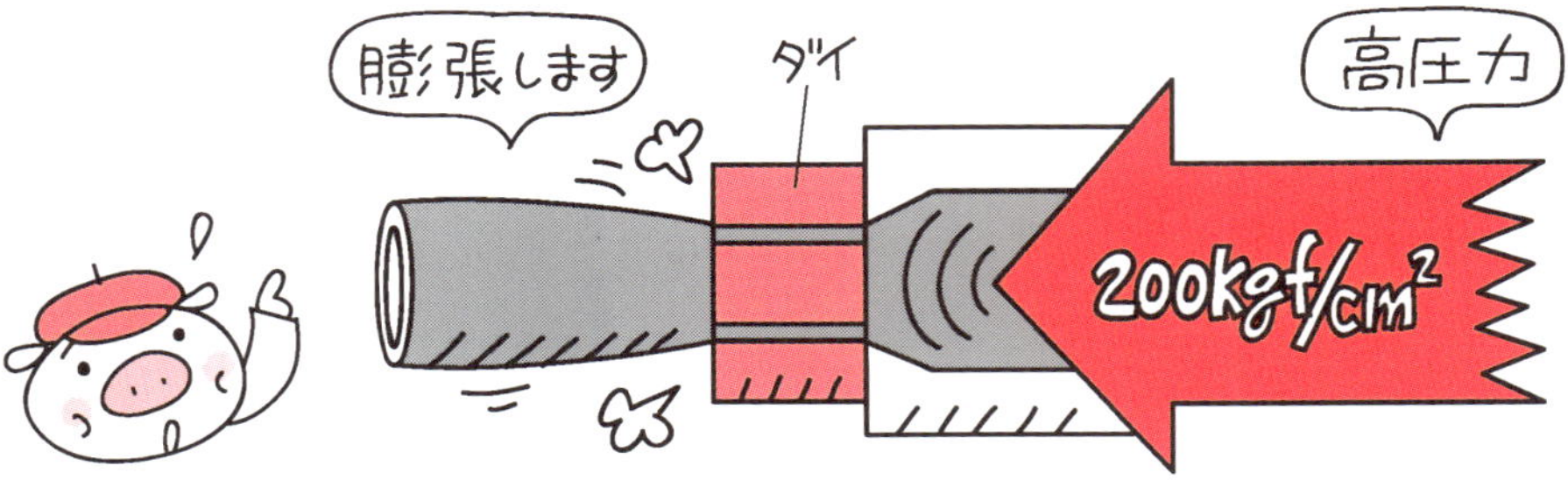

高い圧力で押し出すので、出口ではふくらみます。これはスウェルと呼ばれます。

真四角の形の製品を作るとき、ダイ形状が真四角では期待する形にはなりません。
これがダイ設計の難しさです。

発泡したものや、複雑な断面形状のパイプや板なども押出し成形で作られます。

26 押出し成形品のいろいろな形

アンダーカットのある成形

押出し成形で作られたものは、断面が常に同じ形状の金太郎飴のようなものと説明しましたが、これは押出し機から出て来たあとで細工をしない場合です。出口から出て来たそのあとで細工をすると、金太郎飴でないようにもできます。

蛇腹のついたパイプを見かけたことはないでしょうか？　蛇腹がついていると、この段があるために、この段に引っかかって押し出すことができないはずです。しかし、これも押出し成形に工夫を追加して作っています。

まず、蛇腹のないパイプを押出し成形で作ります。そのあとで、押し出されたパイプを一定の温度で加熱して柔らかい状態にして、つぎに蛇腹の型のついたキャタピラーで挟んで送り出します。そのときにパイプの内側から、キャタピラーに押し付けるように圧縮空気を送ると、キャタピラーの型の形に形が作られて、蛇腹模様がつきます。

これと似たものでは、外側の円周にリブのついたパイプがあります。この場合は、内側に冷却金型があって、外側がリブ用溝つきのキャタピラーが型を形成したところに、溶けたプラスチックを押し出しているのです。

プラスチックの竹などを、園芸用品店やスーパー銭湯などで見かけます。この竹にも、節がついているので、普通に考えると押出し成形でそのまま作ることはできそうにありません。これは押し出されたパイプが、まだ柔らかい間に、パイプを挟んで流れを止めます。そうすると、あとから出てくるパイプが外側にふくらむことで、竹の外側に節の形を作ります。その節ができたあと、またパイプが押し出される流れを続けます。これを繰り返すことで、節のついた竹の形が作られます。種明かしがされて、わかってみると、簡単に思えますが、手品のようなものですね。上手に作られたプラ竹は本物のように見えます。

要点BOX
- ●アンダーカットの成形は押出し後
- ●プラスチック竹も押出し成形

節のある押出し品

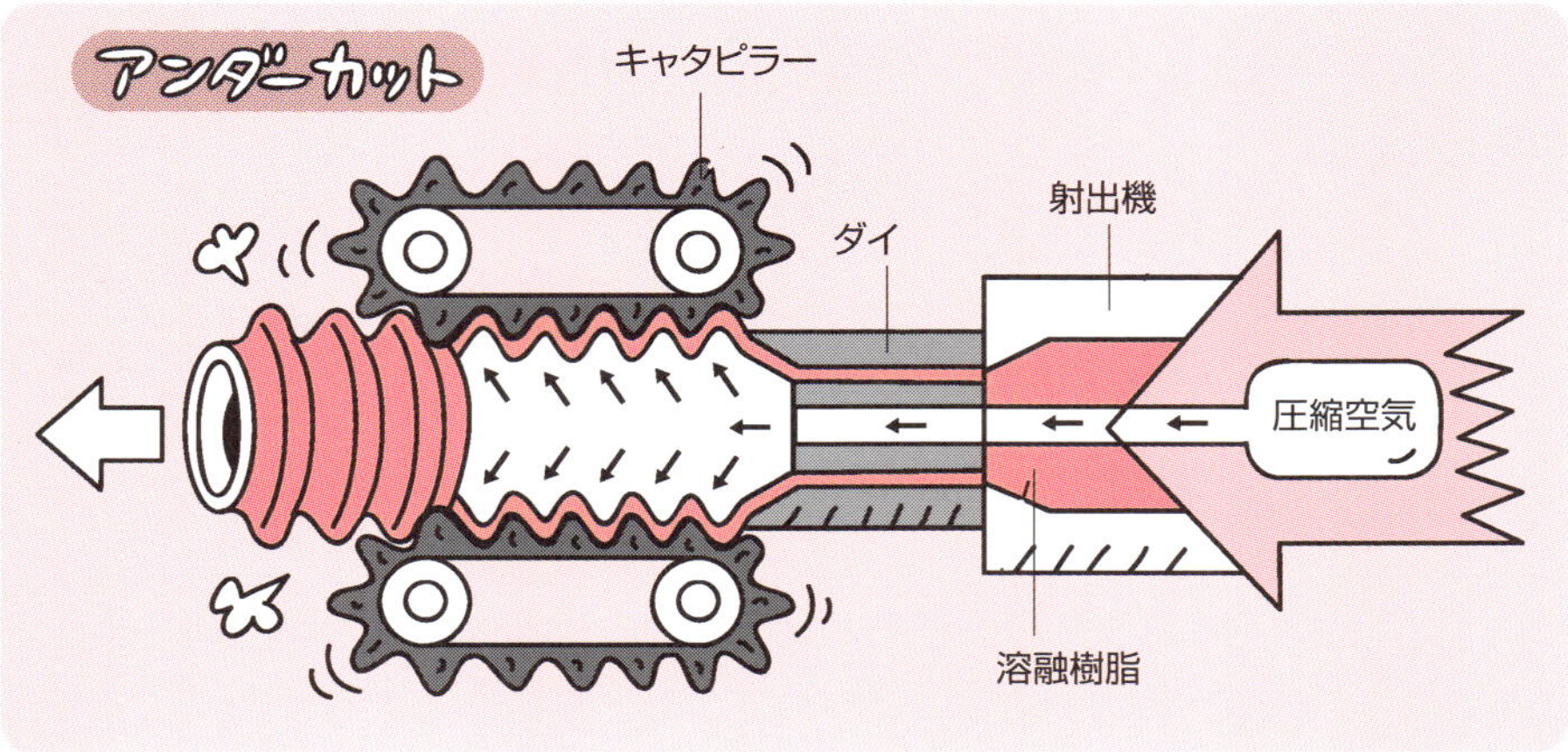

蛇腹はそのままの形では押し出すことができないので、後の工程で形をつけます。

27 梱包用のプラスチック紐とみかんを入れるネット

延伸した紐とダイに工夫が施されたネット

押出し機で出した円管の状態からフィルムにすることもできます。これは、のちほどインフレーション成形でも説明します。ポリプロピレンの押し出した円管を、出口で一度ふくらませると薄くなるので、フィルムの袋になります。このフィルムを一度ドラムを通して、ある温度に調整します。その後、そのフィルムを前方から巻き取りながら引き延ばしていきます。そうすると、フィルムが長さ方法に延伸されて長手方向の強度が強くなります。これを、ある程度の幅でカットしながら巻き取っていくと、梱包などで使われているポリプロピレン製のプラスチック紐になります。この紐は、長手の縦方向に引っ張ると強いのですが、幅方向の横には繊維がほぐれるようにボロボロになってしまいます。これは、この紐が作られているときに、長手方向に分子が延伸されて配向（向きが並んでいる状態）されているからです。伸びきっているので長さ方向には伸びませんが、分子は横方向には並んでいるので、隣どうしは簡単に分離してしまうのです。

みかんなどを入れるオレンジ色の網目状のネットを見かけたことがあると思います。これはどのように作られているのでしょうか？　紐が編まれているようですが、実は、編まれているのではなく、これも押出し成形で作られています。ダイの内側と外側があって、そのダイが回転しているのです。この回転するダイから水が噴き出すことを想像してみてください。交差しながら噴水するイメージがわかるでしょうか？　ネット成形の場合、この交差してひとつになった部分は溶けたプラスチックなのでくっついています。分離と会合を繰り返して押し出されたプラスチックがネットを形成しているのです。このネットは、みかんを入れるネットではオレンジ色ですが、用途によって、いろいろな色のネットが作られています。

同様に、小さな穴から押し出したものを温度を調整して延伸すればプラスチックの糸ができます。

要点BOX
- ●プラスチック紐は延伸されて強い
- ●プラスチックネットはダイに工夫

二軸延伸成形フィルム

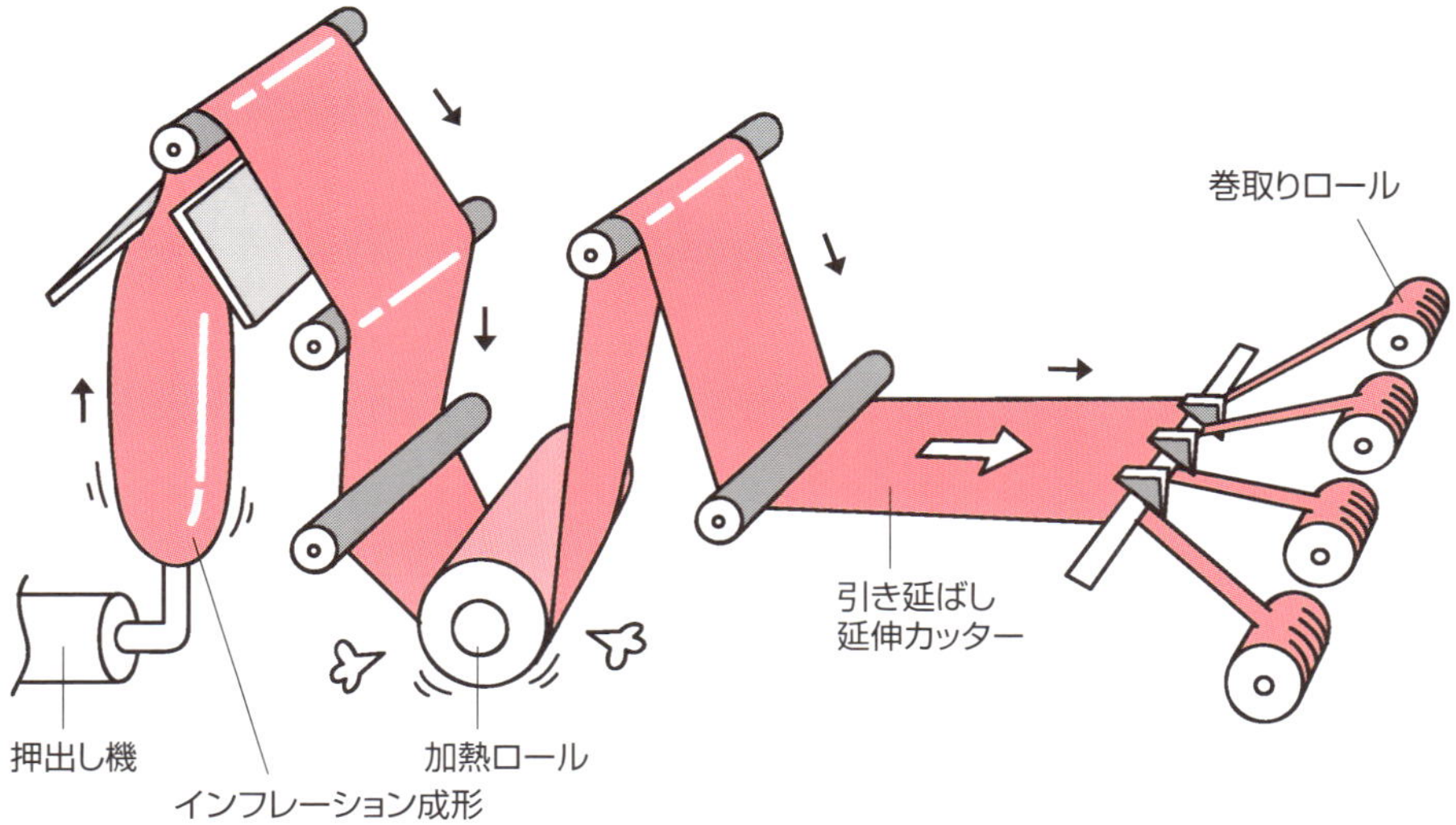

みかんネット押出し用ダイ

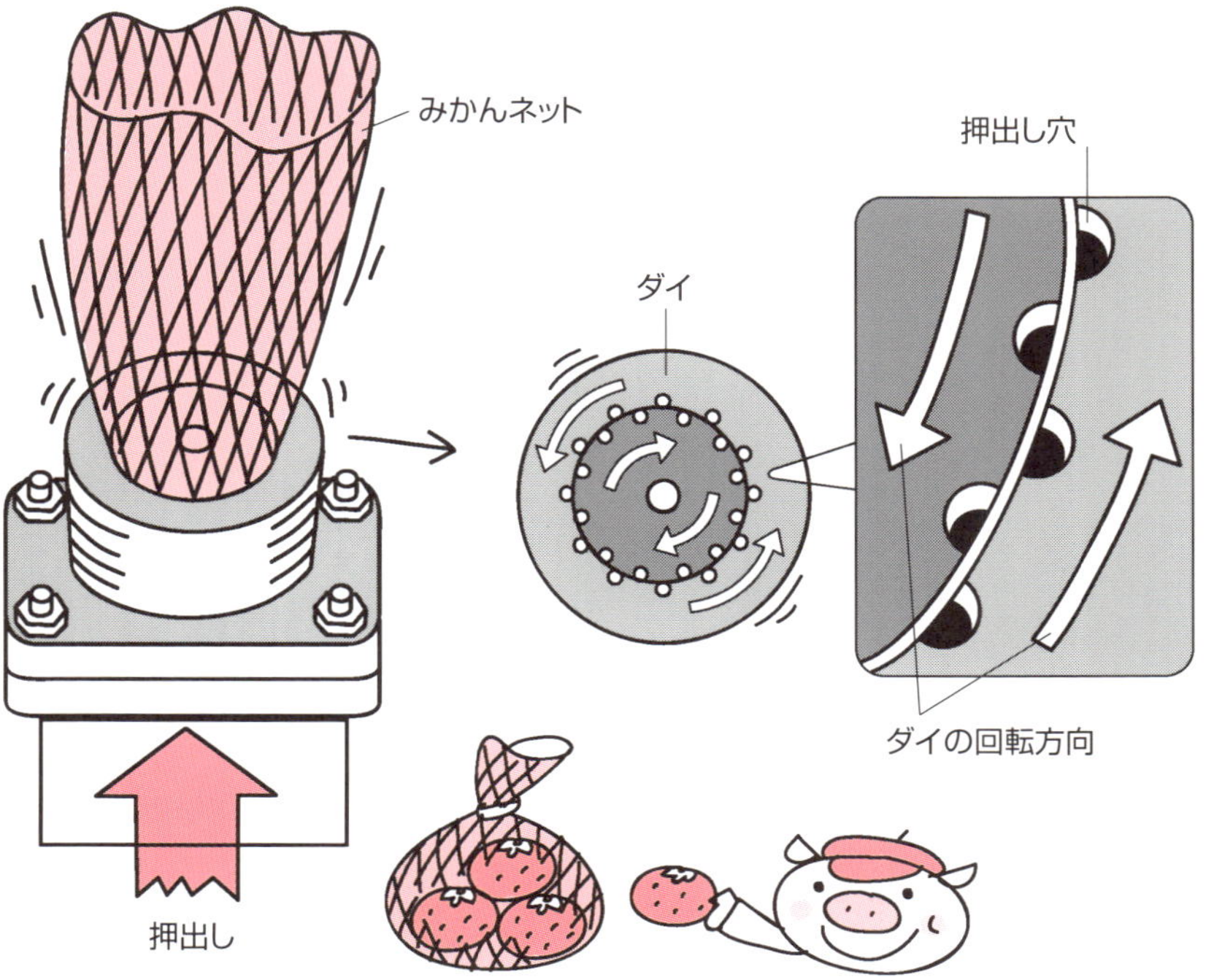

28 ペレットを作る押出し成形

米粒状ペレットの作り方

射出成形やブロー成形などでは、成形の原料として、粉状のものではなく、通常ペレットが使われます。なぜペレットなのか、その理由を説明します。

原料が粉の状態だと、値段的には安く使えるでしょうが、粉状のままだと、工場が粉だらけになるし、空気中にも飛び散るので、滑ったり、吸い込んだりして危険です。また粉状だと、取り扱いが非常に不便です。その前に、原料に酸化防止剤、滑材、紫外線吸収剤、増量剤など、いろいろ添加剤を混ぜないと、プラスチックは期待される性能が発揮できません。混ぜるためには、大きなエネルギーをかけて練らなければならず、押出し機のような特殊な混練装置が必要となります。この混練には、強力な混練装置が必要となるので、前に説明した二本のスクリュー構造なども使われています。ペレットにする方法としては、熱い状態でダイから出てきたものを、そのままカットするホットカット、水の中を通して冷やして紐（ストランド）状にしてからカットするストランドカット、ダイ直後に水流の中に押し出しながらカットする水中カットなど、いろいろな方法があります。これらの方法ではペレットの形は微妙に違っています。

プラスチックは、もともとナチュラル色といって、本来の色を持っています。透明なポリスチレンやアクリルなどもありますが、ポリエチレンやポリプロピレンなどは溶けているときは透明でも、冷えると白色になります。これが本来の色です。ABS樹脂などはちょっと黄色がかった色が本来の色です。射出成形などで使うときに、これらナチュラル色のペレットに、着色剤の粉や色の凝縮されたペレットを混ぜて着色することもありますが、もう一度押出し成形で着色や追加の添加剤を混ぜて、押出し機で混練することもあります。この混ぜ合わせ混練をコンパウンドといいます。コンパウンドされたのちに、ペレットにして使われるのです。

要点BOX

- ●取り扱いのしやすいペレット
- ●混ぜ込むコンパウンド

性能をまとめたペレット

射出成形、ブロー成形には扱いやすいペレットが使われます。

ストランドカット方式

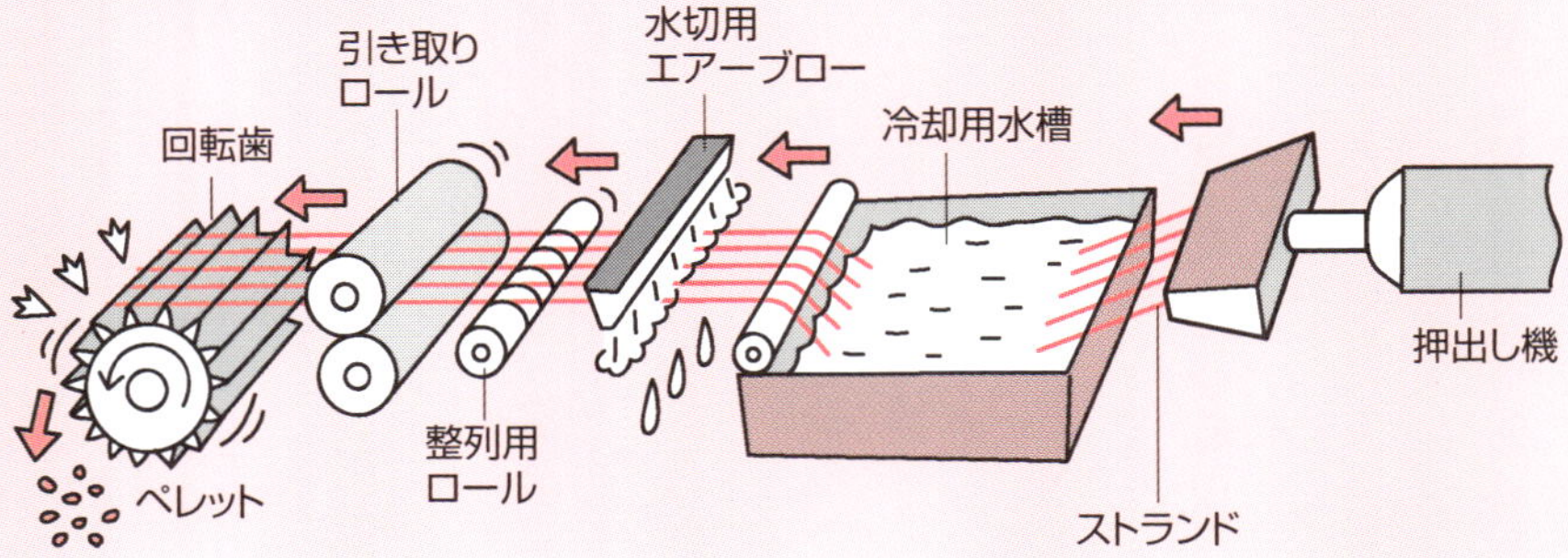

ホットカット方式

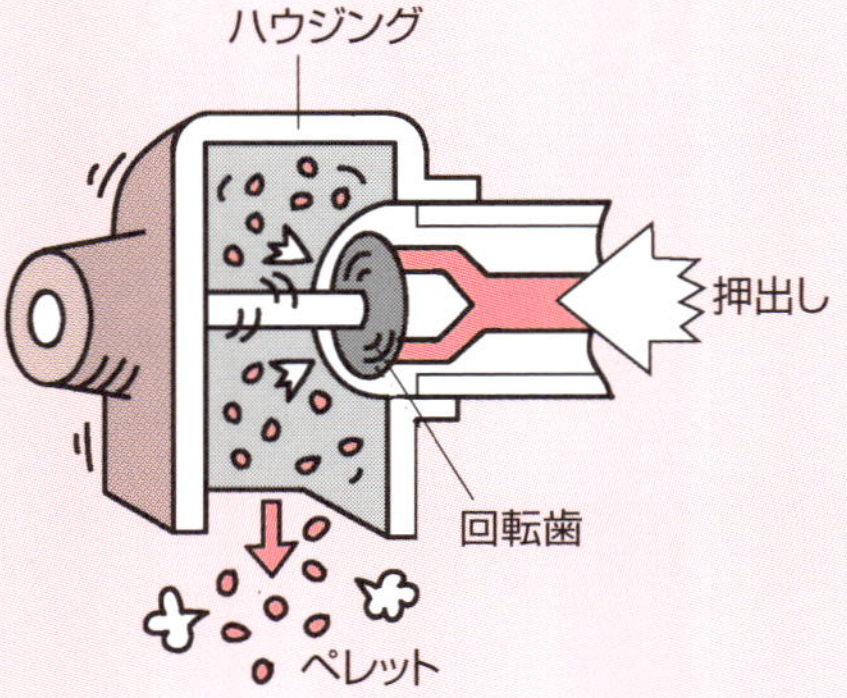

水中カット方式

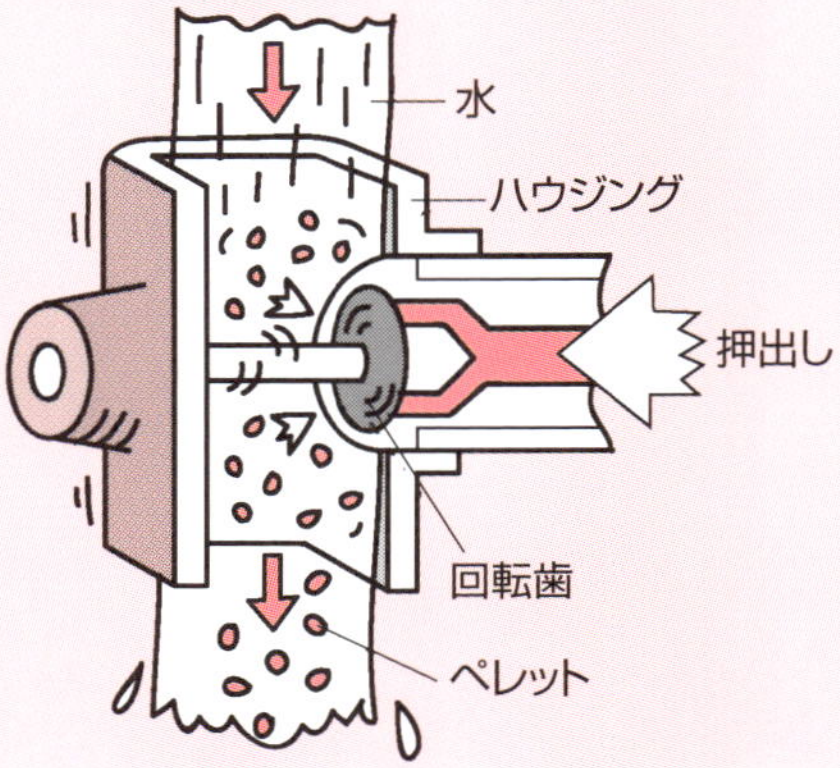

29 電線の押出し成形

押出しと引き抜きを合わせた成形

電線は、電気を通す導電体の金属線の周りを、電気を通さない絶縁体の被覆材で覆われています。この電線の外側をプラスチックなどの絶縁体で被覆したものが絶縁電線です。電線にプラスチックを被覆する成形は、電線被覆成形と呼ばれています。

被覆されるものとしては、銅線やアルミ線であったりエナメル線であったり、最近では金属線ではなく、光ファイバーのこともあります。被覆するプラスチックとしては、塩化ビニル、フッ素樹脂、ナイロン、架橋ポリエチレンなどが使われています。架橋とは、分子同士を橋渡しして動きにくくしたもので、熱硬化性樹脂のようになります。プラスチック材料のところで説明した蛇の鎖のようなものです。実は、熱硬化性の蛇を鎖でつなぐことを架橋と呼ぶのです。電子線や架橋剤などを加えて行います。ポリエチレンを架橋すると、ポリエチレンの弱点である耐熱性がよくなります。

電線被覆も同じ形状（通常は断面は円）で連続して流れているので、押出し成形で作られています。では、どうやってプラスチックの中に金属の線を入れているのでしょうか？　これは、ダイのところで工夫がされているのです。ダイの中を、銅線などを通して出口から引っ張ります。そのとき、そのダイの中では、周囲に溶けたプラスチックが被覆され、その後、水槽で冷却してから巻き取っています。電線はプラスチックのようには伸びないし、柔らかく曲がってしまうので、送り出していくことはできません。ですので、一定の速度で引き抜いています。この電線の引き抜きの速度と、これに被覆されるちょうどいい体積のプラスチックが押出し機側から押し出されています。この速度は、細いものでは分速1000m（時速60km）にもなります。

このように、相当速い速度で金属が入っていくダイは、摩耗しやすいので、特殊な耐摩耗性のある金属で作られています。

要点BOX
- ●電線被覆は押出し成形と引き抜きを合わせた成形
- ●架橋とは、高分子を動きにくくすること

電線被覆

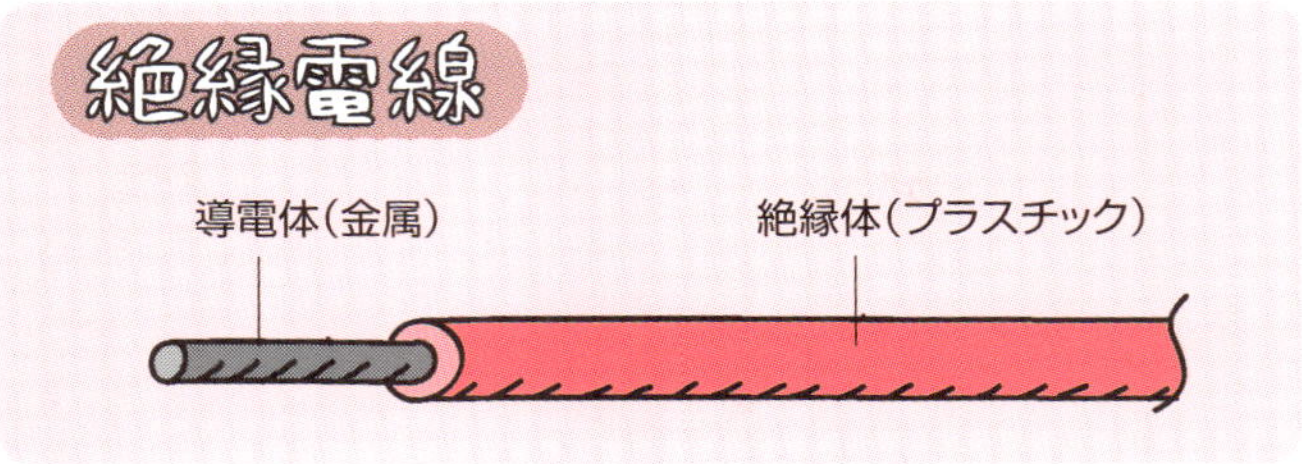
絶縁電線
導電体(金属)
絶縁体(プラスチック)

電線の外側を絶縁体で被覆したものが絶縁電線です

押出し機
ダイ
電線
プラスチックが被覆されています!
一定の速度で引き抜きます

速いものは時速60kmのスピードで引き抜きます
TON

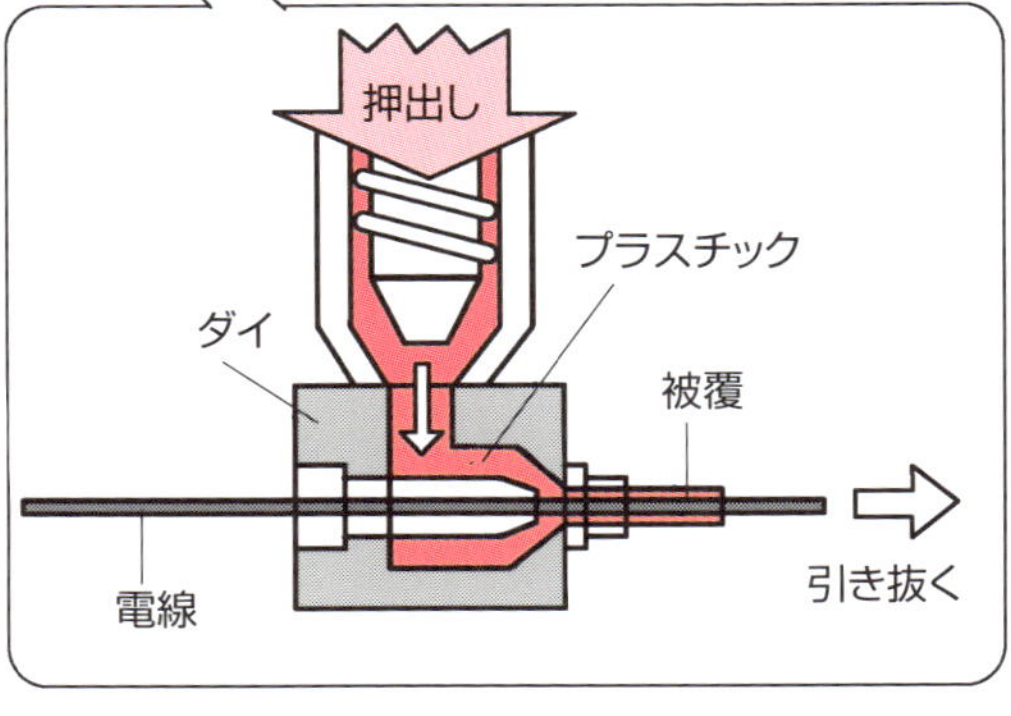
押出し
プラスチック
ダイ
被覆
電線
引き抜く

電線が動く速度に合わせてプラスチックを押し出して、電線の周りに被覆していきます。

30 シート、フィルムの作り方

薄い板と極薄の板

プラスチック板であるシートやシートよりも薄いフィルムは、押出し成形やカレンダー成形で作ることができます。日本工業規格（JIS）では厚さ0・25㎜以上のものをシート、それ以下をフィルムとしています。板の薄いものがシート、極薄のものがフィルムといえるでしょう。押出し機の方式では、押出し機の出口で薄く細長いダイから板状に押し出しています。押出し方向に対してT字状態に広がるのでTダイ押出しともいわれています。

ダイの形状としては、押出しの前の樹脂を均一にするための円筒状の溝（マニホールド）があるマニホールドダイや、洋服を掛けるハンガーの形をした、コートハンガーダイなどがあります。

シートとして出てきた後の工程で、巻き取り速度を速くすればシートが長さ方向に引き延ばされます。これは、先に説明した延伸という工程で、高分子を長手方向に延ばすことで強くなります。シートの両端をつかんで、左右方向に引き延ばせば、流れ方向とは直角方向にも引き延ばされます。長さ方向という軸に加えて、もう一つ横方向の軸の二つの軸方向に延伸されるので、二軸延伸と呼ばれています。これによって、長さ方向、その直角方向の両方に強いフィルムを作ることができるのです。

最近では、フィルムや容器にも、いろいろな機能要求が増え、単層では機能を満足することができないので、多層のものが求められています。その多層の要望に応えるために、このTダイ方式を利用して、多層のシートを作ることも可能です。この多層化の方法にも、溶けたプラスチックがマニホールドで合流した後に押し出されるフィードブロック式と、それぞれの個々のマニホールドから出て来た後で合流する、マルチマニホールド式があります。各層ごとの厚さ制御の精度は後者のほうがいいのですが、層の数が多いと難しくなるとか、高価であるなどの問題もあります。

要点BOX
- ●シートとフィルムは厚さの違い
- ●フィルムは延伸されて強くなる

シート押出し用ダイ

Tダイ押出し

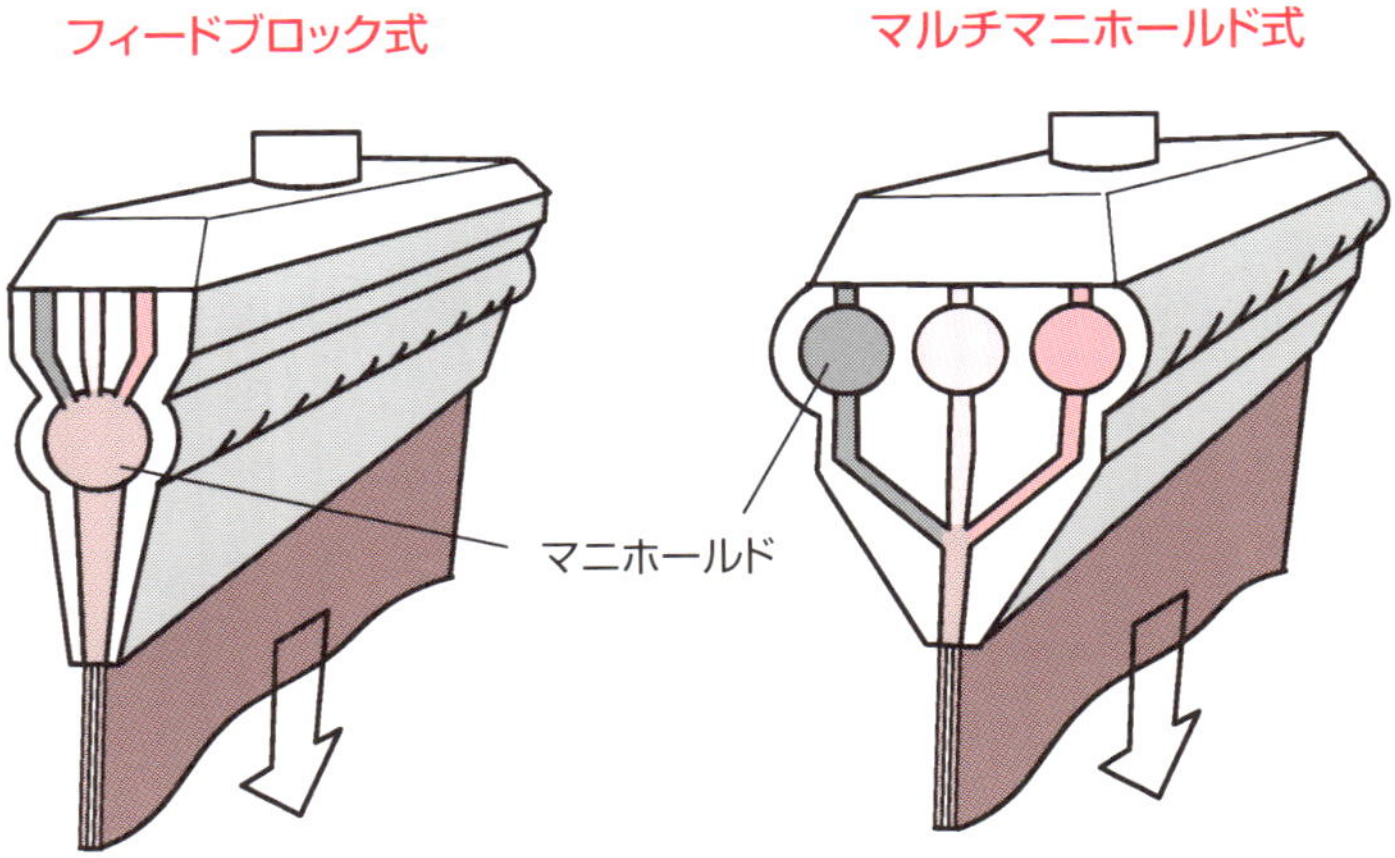

フィルムも一層だけでは機能を発揮できない場合、用途に合わせた機能を持つ層を追加して多層にします。この例は三層の例です。

31 押出しで作る発泡スチロール

発泡スチロールのいろいろ

カップ麺の容器には紙製のものもありますが、白く軽いプラスチックのものは発泡スチロール製です。保温性がよく、手に持っても熱くないので採用されていますが、この発泡スチロールはつぶつぶが見えません。

ファストフードのハンバーグを入れる折り畳み式の容器も発泡スチロール製ですし、スーパーマーケットで、惣菜や肉、魚などを入れるトレイの容器も、発泡スチロールです。これらも表面はつるっとしています。

同じ発泡スチロールであっても、作り方は箱やケースのような方法とは違っています。箱やケースなどは、ビーズ状のつぶつぶひとつひとつを発泡させています（これについては別途紹介します）。

これらは、発泡したポリスチレンのシートを真空成形して作られています。発泡したポリスチレンのシートを機械的にかき混ぜ、発泡剤を混ぜたポリスチレンを押出し機で円筒状に押し出し、これを展開するようにカットして薄いシートにします。そうすると、泡を含んだポリスチレンのシートになります。紙（ペーパー）状なので、PSP（Poly Styrene Paper）と呼ばれています。このシートを、卵パックと同じ成形方法の真空成形で、カップ麺やトレイの形に作ったものなのです。

真空成形時にも、さらに発泡して剛性が高くなります。トレイ容器は、発泡していますがポリスチレンなので、着色されていないものは、リサイクルして同じ白い発泡スチロールにして使用することが可能です。スーパーマーケットでも分別回収されて、リサイクルされていることは皆さんもよく目にしていると思います。

このほかに、建材の断熱材として使われている肉厚い発泡スチロールを見たことがないでしょうか？　これは、発泡したポリスチレンを板状に押し出して作られているので、押出しのExtrudeをとってXPS（Extruded Poly Styrene）と呼ばれています。なぜEPSでないかというと、ビーズ発泡スチロール成形がEPSと呼ばれているからです。

要点BOX
- ●PSPは、薄い紙状発泡スチロール
- ●厚い発泡スチロール板はXPS

押出し発泡スチロール

建築用の断熱材としても使われている押出し発泡XPS板

断面は発泡していますが、つぶつぶの米粒状ではありません。

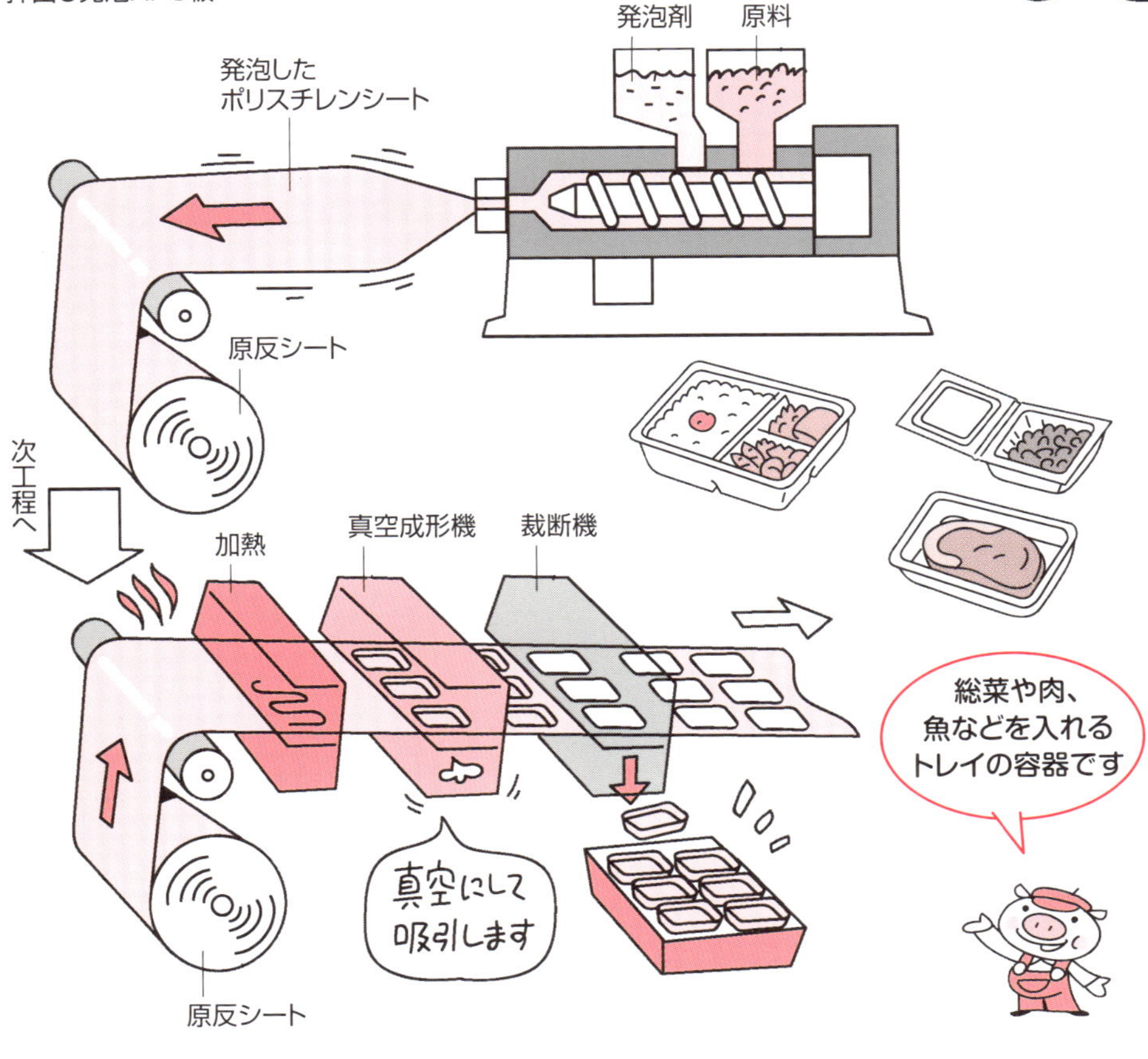

Column

押出し成形は速度と混練が命

プラスチック成形の中で、押出し成形とブロー成形は、射出成形についで盛んな成形方法です。射出成形では小さなものから大きなものまでさまざまなものが作られています。そのため、それらの製造会社も、中小型の機械数台だけの小さな会社から、数十台以上の機械の工場をいくつも所有したり、大型の機械工場を持つ大きな会社までいろいろです。しかし、押出し成形の場合には、通常装置が大がかりであり、またプラスチックをいろいろな添加物と混練するなど、材料自体の知識が必要となるので、材料メーカなどの大きな会社であることが多いのです。

押出し成形では、材料を押し出す速度が一定でないと、出口で成形品の形に微妙なずれが出てしまいます。押し出すということは、ダイの前では圧力が高いのでプラスチック材料が出てくるのです。押し出す速度が変化することは、圧力が変化しているか、プラスチックの状態、たとえば粘度（粘っこさ）が変化していることになります。この押出し速度をコントロールすることも重要なのです。

プラスチックは、それ単体では非常にか弱いものです。日光や紫外線を浴びると、肌荒れするように、分子が切れていったりもします。また、硬すぎたり、滑りが悪すぎてスクリューが動かなくなったりして成形できなくなることもあります。そのため、いろいろな添加剤や増量材が加えられています。それらを、どのように混ぜるかということも、大きな課題なのです。混練する機械の性能が変わると、プラスチックの性能が発揮できなくなることも多々あります。

スクリューは、その混練のための道具ですが、この混練のためだけの学問もあるくらいです。当然、スクリューの設計や製造だけを、専門にする会社もあります。スクリューは、見た目には、簡単な「ねじ」にしか見えないかも知れませんが、奥深さを少しでもわかってもらえたでしょうか。

第4章

ふくらまして作る
ブロー成形

32 ブロー成形とは

中空製品をふくらます
ブロー成形

ボトルなどの瓶のように、内部が中空になっている成形品を作る方法が、中空成形あるいはブロー成形と呼ばれる成形法です。ブローとは「吹く」という意味ですが、エアーで吹いてふくらませるので、そのように呼ばれています。ブロー成形にもいろいろな方法がありますす。そのひとつが押出し機とブロー成形機を組み合わせた押出しブロー成形です。単純なものでは、円筒状に溶けたプラスチックを押出し機から押し出して、これを金型で挟み込みます。この押し出された溶けたプラスチックをパリソンといいます。そうして下方から空気が逃げないように挟み込んで、上方から空気を吹き込むと、この円筒状の溶けたプラスチックが、金型の内側の形状までふくらみます。風船をふくらませるような感じです。そして金型で冷やして、金型を開いて取り出します。ですので、ブロー成形品も、よく見ると、射出成形品と同じように、金型を開くときにできる割線があります。

大きな製品になると、自重で垂れ下がり、引き延ばされて薄くなるので、アキュムレーター（蓄積する部分のこと）に一旦蓄積して、一挙に押し出す、アキュムレーター式ブロー成形方式が採用されています。

ブロー成形機は、射出成形機のように高圧で金型に溶けたプラスチックを流し込むわけではなく、ダイからパリソンを押し出すだけなので、射出成形機ほどがっちりしたものでなくても済みます。また、ブロー圧力も数気圧と低いので、型締め力も射出成形機と比較して相当小さくなります。ですので、機械自体、射出成形機と比較すると安価です。また、金型も、ブロー圧力が低いので、射出成形用金型のように、金型構造も複雑ではなく、また高い剛性を必要とするものでもないので、金型費自体も射出成形と比べると安くできます。ただし、生産性を示す成形サイクルの観点から考えると、射出成形のほうが効率的です。

要点BOX
●パリソンを押して出しふくらませる押出しブロー成形
●機械も金型も射出成形より安価

ブロー成形品の例

ペットボトルなど
内部が中空に
なっている成形品
を作る成形法
です。

ブロー成形

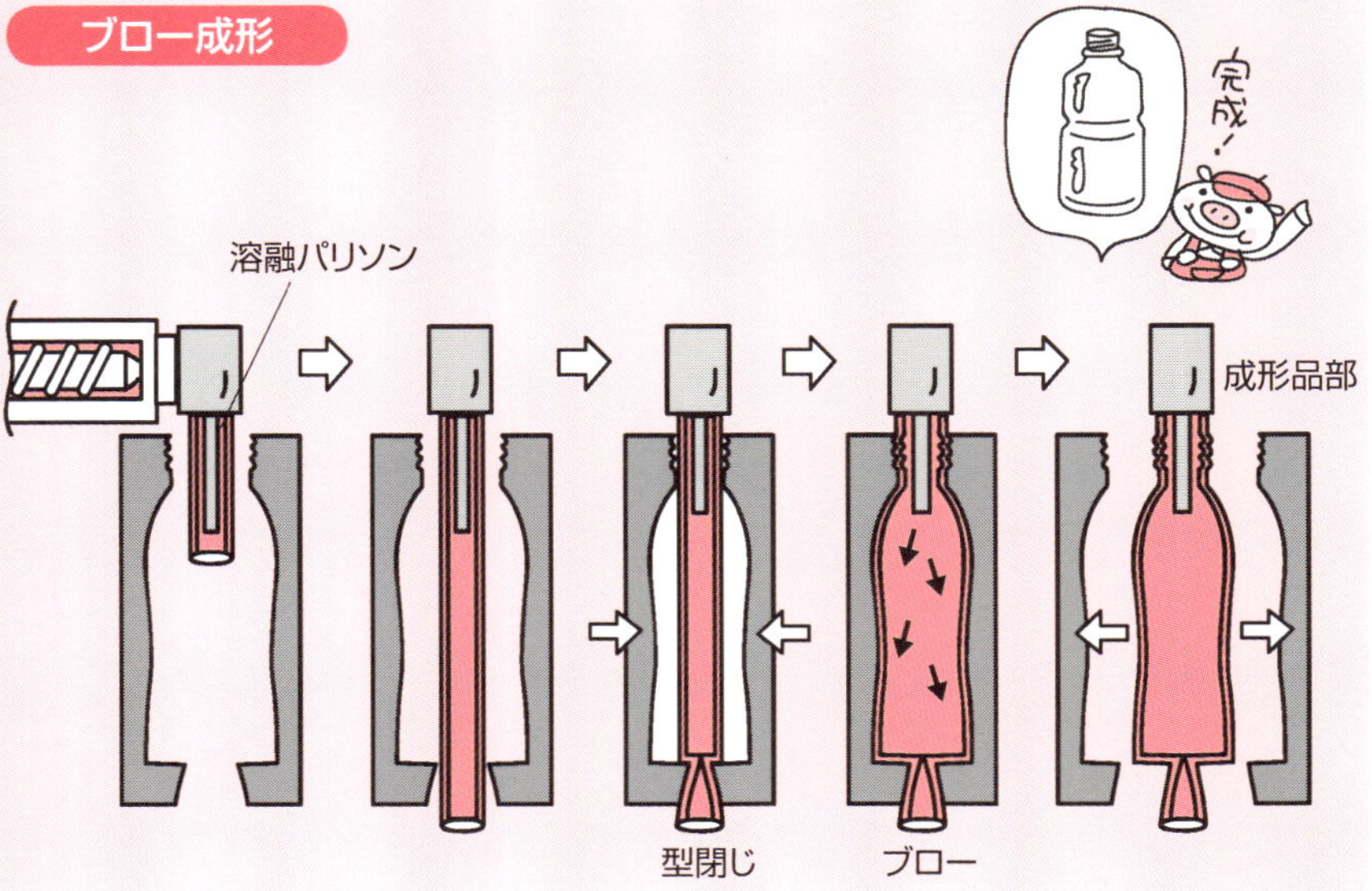
完成！
溶融パリソン
成形品部
型閉じ
ブロー

押出し機によって成形材料を溶融し、ヘッドを通り筒状に形成されたパリソンを金型内に挟み込み、その内側にエアーを吹き込み、その圧力で金型の内面にパリソンを押しつけて中空体を成形する方法です。

33 多層ブロー成形とは

ガスを通さないための工夫

自動車のガソリンタンクは、以前は100%金属で作られていましたが、最近ではブロー成形で作られたものが採用されてきています。プラスチック化は、軽量化だけでなく、形状の自由度が広がることによるデザインの自由度の拡大にも寄与しています。しかし、ガソリンタンクから、ガソリンが通り抜けては困ってしまいます。ガソリンが気化して抜け出ていってしまうと安全問題にもなるからです。

酸素透過量の少ないプラスチックとしては、ナイロンやEVOH(エチレン・ビニルアルコール共重合体)がありますが、単体で使用するには成形性や価格の問題があります。そこで、成形しやすいポリエチレンと、EVOHを層にして成形する方法が採用されています。近年のアルコール混合ガソリンに対しては、EVOHのほうが優れているためです。また、ブロー成形では、成形後のバリ取りがあり、このバリのリサイクル利用も考慮する必要があるため、材料の相溶性も重要なポイントになります。この点でも、ナイロンよりもEVOHのほうが適しています。

多層化については、押出し成形のTダイのところで説明した、多層押出しの技術が使われています。Tダイのところでは多層シートでしたが、これを筒状のパリソンにして押し出すダイに変えるのです。多層化の材料の数ほどの押出しスクリューシリンダーを使って、パリソンを押し出します。最外周部にHDPE(高密度ポリエチレン)、その内側にリサイクル層、接着剤層、EVOH層、そして中央にHDPEと4種類の多層構造になっています。

醤油やマヨネーズなどを入れるPETの容器も酸素が通過すると酸化する問題があるので、この多層化したブロー成形を使って作られています。ガソリンタンクの周囲の燃料ポンプなどもプラスチック化が同時に進んでいます。この場合、材質マークはPETの複合材になるので、プラマーク(後述)で表示されています。

要点BOX
- ●酸素やガソリン通過対策には多層構造
- ●ブロー成形にバリ取りはつきもの

時代とともに変化するガソリンタンク

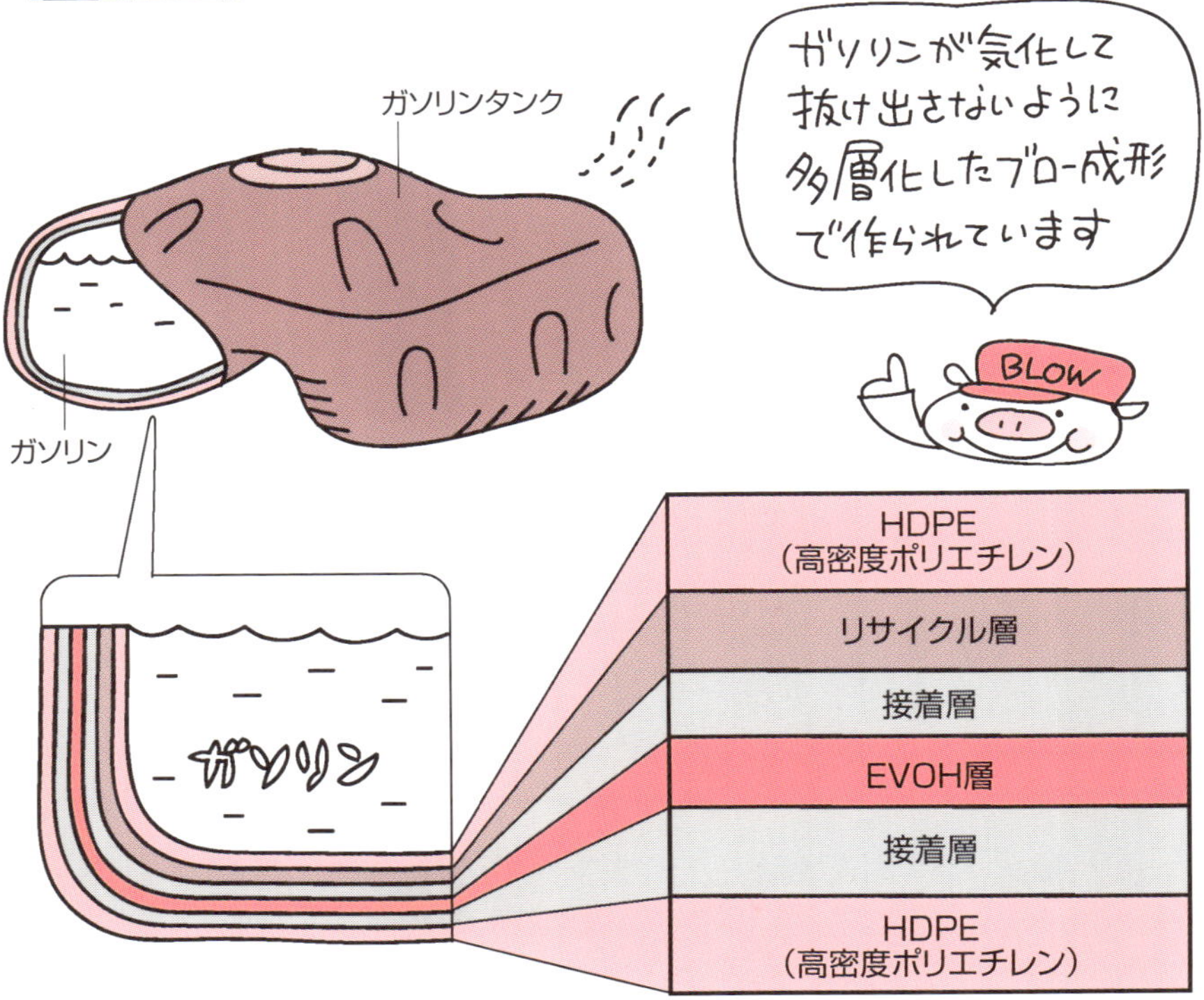

34 複雑な形のブロー成形品

コンピューター制御の複雑形状

昔は、たとえば、曲がりくねったパイプをブロー成形しようとすると、大きなパリソンを押し出して、それを金型で挟み込んで成形していました。そうすると、パイプ以外のところも金型で押し潰されて、バリとなってしまうので、このバリの部分を切り取ってパイプの部分を製品にしていました。材料が無駄になりますし、成形後にバリ取りする機械も必要となって、工程も増えるので、この点でも面倒で無駄でした。

しかし、現在では、コンピューターや制御装置、技術も進歩してロボットも安価になったお蔭で、さまざまな複雑な動きもできるようになりました。先ほどの、曲がりくねったパイプも、パイプの大きさに見合ったパリソンを押し出し、それに合わせて、パリソンの金型を移動させ、金型の曲がりくねった製品部がパリソンに沿うように制御することによって、これまでのような無駄なバリが発生することもなくなりました。成形後に、バリの切除が必要のない成形もできるようになりました。

大きなものでは、インベントなどで使われるような簡易トイレの壁もブロー成形ですが、これなどは内部が空洞になっている中空体です。外側と内側は違う形をしています。これは、普通のブロー成形のように、パリソンを金型で挟んでふくらませようとすると、壁が動くときにパリソンをゆがめて、パリソンをくっつけてしまいます。これも特殊なブロー成形法で、二重壁ブロー成形と呼ばれています。金型の中でふくらませるというよりも、パリソンを金型で挟み込む前に、パリソンの下方を空気が逃げないように融着させ、パリソンを一旦ふくらませます。そして金型を閉めてパリソンを挟んでいきます。そのままだと空気が逃げず、パリソンの上下がふくらんでしまうので、金型を閉めながら、パリソンの内部の空気圧力を制御しながら外部に抜いていくのです。これにより二重壁のブロー製品ができます。

要点BOX
- ●バリを少なくする三次元ブロー成形
- ●ふくらませて押しつぶす二重壁ブロー成形

多次元ブロー成形

コンピュータ制御された金型を多次元に移動
PC
押出しユニット
押出しダイ
パリソン
ブロー金型
完成
曲がりくねったパイプも作れます

二重壁ブロー成形

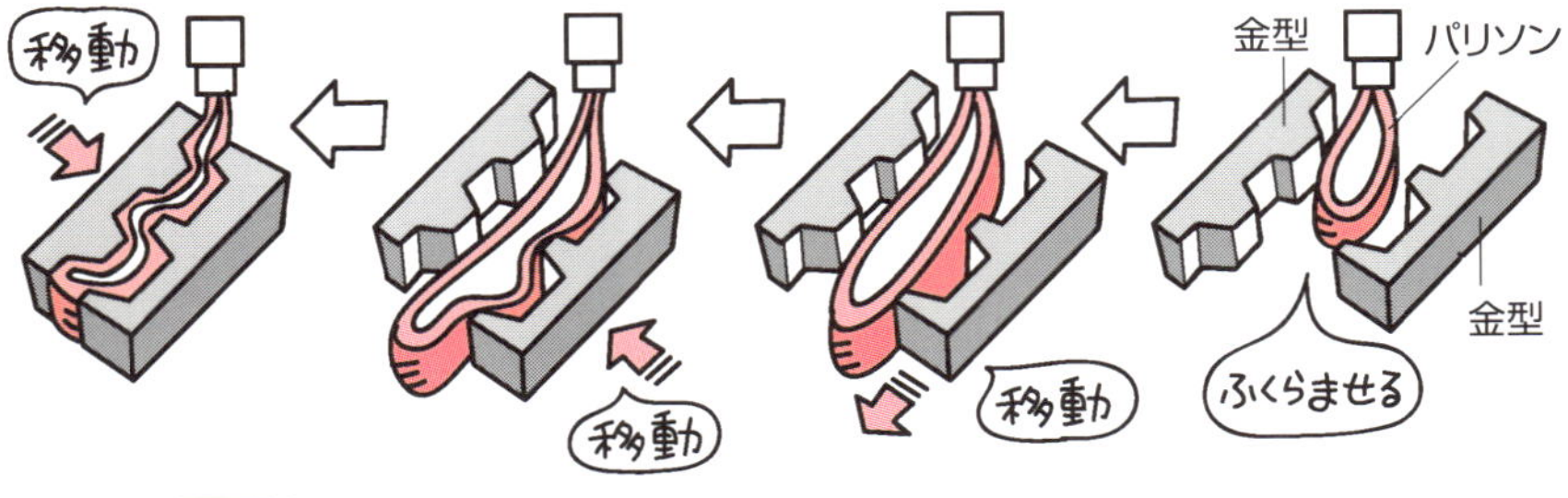
移動
金型
パリソン
金型
ふくらませる
移動
移動

簡易トイレの壁など内部が中空体で、さらに外側と内側は違う形を作る成形法です

35 ペットボトルの成形

二度に分けて加工する

清涼飲料などの容器として、今では誰もがペットボトルのことを知っているでしょう。でもペットの意味を知っている人は、どのくらいいるのでしょうか？　このペット（PET）は、英語のスペルは同じですが、犬や猫のペットとは全く違う意味のものです。ポリエチレン・テレフタレートというプラスチックの英語名の頭文字なのです。最近では、ペットボトル・ロケットなど、この容器に空気を圧縮してロケットのように飛ばすようなおもちゃも考案されています。それほど、ペットボトルは強いということなのです。なぜこれほど強いかというと、プラスチックの延伸のところで説明したように、分子が延ばされて配向しているからなのです。

ペットボトルの作り方は、押出しブロー成形とはちょっと違っていて、試験管のようなものをふくらましています。この試験管のようなものは、プリフォームと呼ばれています。プリ（pre）とは「事前に」という意味で、フォーム（form）は「形作る」の意味です。射出成形によって事前に作られます。射出成形されたあとでブローされるので、射出ブロー成形と呼ばれています。このプリフォームを射出成形した後、そのままブロー成形機と接続してブローする方法を、ホットパリソン法といいます。機械がつながっていて連続に成形できるので、この点では効率的です。しかし、射出成形は、ブロー成形よりもずっと早くかつ多く生産できるので、ひとつのサイクルを完了する間、射出成形がブロー成形の終わるのをいらいらして待たなければなりません。これは非常に非効率的です。そこで、別工程でどんどん早く生産できる射出成形で、プリフォームを作り、それを次の何台ものブロー成形機の前で再加熱して成形するという、コールドパリソン法という方法もあります。一度冷やすので冷たく（コールド）なっているからです。いずれにしても、小さな試験管が縦方向と横方向に延ばされて、分子も延伸されるので、あの強度を発揮しているのです。

要点BOX
- ●ホットパリソン方式とコールドパリソン方式
- ●ペットボトルは延伸されているので強い

押出ブロー成形

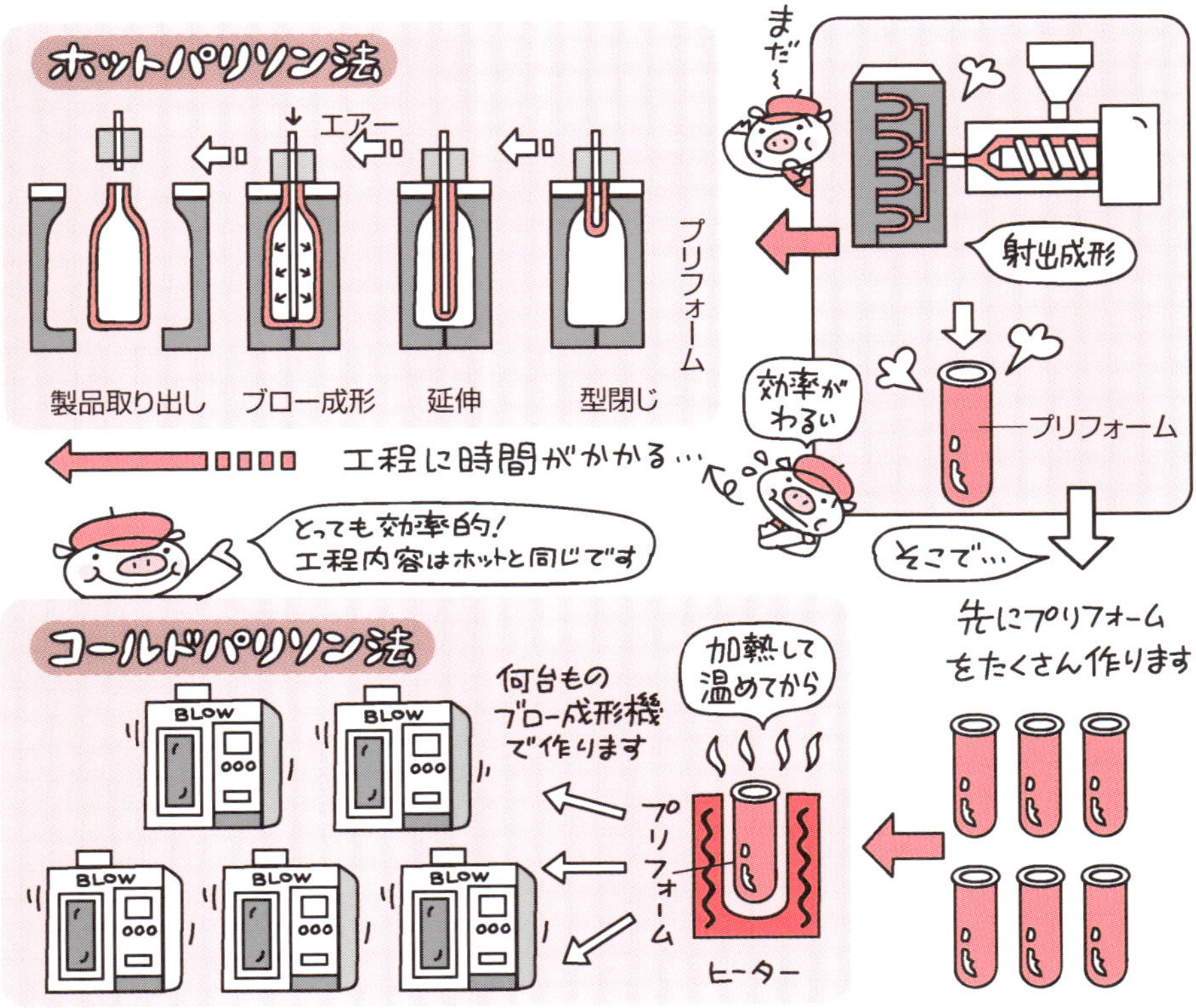

ブロー成形より射出成形のほうが早いので、工程を分割したものです。

36 スーパーなどで使うポリ袋

極薄フィルムをふくらませる

スーパーマーケットなどに行くと、レジのところで買い物をポリ袋に入れて渡してくれます。レジでもらえる袋なのでレジ袋とも呼ばれています。最近では、環境を考えて、日本でも海外でも有料になっているところがあります。このポリ袋はポリエチレンでできています。非常に薄いもので、野菜などを包むぺらぺらな薄いものは10ミクロン（0・01㎜）程度の厚さで、品物を入れるものは25ミクロンから35ミクロン（0・025〜0・035㎜）程度のようです。25ミクロンというと、2枚で一セットのティッシュペーパーが50ミクロン（0・05㎜）ですので、この半分の一枚の厚さということになります。

このように薄いプラスチックをどのように作るかというと、これもふくらませています。風船をふくらませていくと、どんどんと薄くなって、ついには破裂してしまいますが、破裂しないように調整ながら、ふくらませて薄くしています。延びてくれる材料も重要ですが、機械の条件の調整も大変重要です。

経済が膨張していくことをインフレといいますが、これは膨張するという英語のインフレーション（inflation）から来ています。これと同じ意味で、ふくらませて膨張させるのでインフレーション成形と呼んでいます。円筒のノズルから押し出したプラスチックの内部から空気を入れてふくらませます。そうすると風船のようにふくらみながら、内部は空気で冷やされるので固まってきます。外側も空気を吹き付けて冷やします。これをジョウロ状のもので挟んで折り畳み、後の工程でローラーで巻き取っていきます。それを切断して、片側に熱をかけて溶かしてくっつけると、口の空いた袋ができ上がることになります。これもふくらませるときにプラスチックの高分子の繊維がふくらむ方向に配向させられると同時に、引き取って行く方向にも延伸されているのです。ですから、スーパーでもらうポリ袋は、荷物を入れても強いのです。

要点BOX
- ●ふくらませて延伸させるインフレーション成形
- ●ポリ袋成形

インフレーション成形

トコトン
スーパー
薄くても意外と
丈夫なレジ袋
風船を
ふくらませる
膨張するという
英語インフレーション
と同じ意味で…

インフレーション成形のしくみ

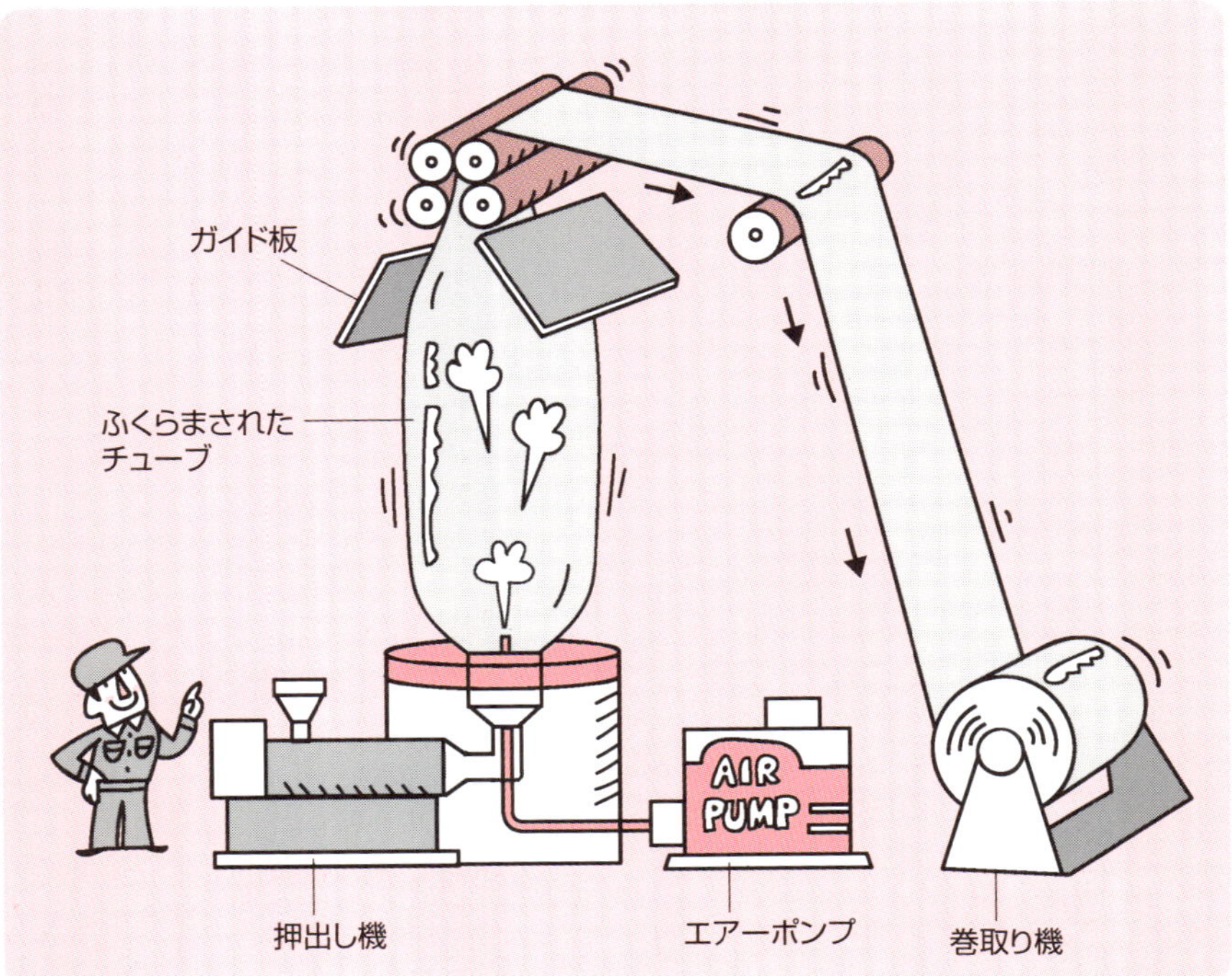
ガイド板
ふくらまされた
チューブ
AIR
PUMP
押出し機
エアーポンプ
巻取り機

押出し機から押し出されたチューブがまだ軟らかいうちに、口金から吹き込んだ空気でふくらませ、薄いフィルムを作ります。ラップフィルムやポリ袋などのフィルムを作るのに適しています。ふくらませて作るのでインフレーション成形と呼ばれています。

Column

いかに効率よく経済的に作るのか

射出成形もブロー成形も、金型に接触することで、熱いプラスチックが冷やされます。それが冷えるのを待って、金型を開いて取り出すのです。熱いプラスチックが冷やされるのは、射出成形の場合には、裏表両面ですが、ブロー成形の場合には外側だけになります。内側は空気が入っているので、金型には接触していません。金型に接触していない面は冷えるのも遅くなります。ですので、同じ肉厚の製品の場合には、射出成形品のほうが早く冷えていきます。そのため、ブロー成形のサイクルは射出成形に比べて長くなります。

成形品の値段は、簡単にいうと、機械や金型費に比例して、生産数量に反比例します。また、成形サイクルが長いと、機械、その他、成形するために使うものを占有する（使う）時間が長くなるので、一秒あたりの成形サイクル費（賃率といいます）にも関係してきます。ですので、成形品の値段は、一概にどちらのほうが安くできるかはいえません。

三次元ブロー成形や、二重壁ブローの複雑な成形は、金型も成形品の形状に合わせて動かすことが大切です。このような動きは、ロボットの動きにも共通するものです。コンピューターが発達した現代だからできることなのです。射出成形にも、内部を中空にするガス射出成形という方法がありますが、この圧力はブロー成形と比較すると全くレベルが違うほどの高い圧力なのです。

プラスチック成形に限らず、ものを作る方法には、いろいろな方法があります。しかし、同じ形、性能のものを、どのようにして効率的、経済的に作るかを探すことも、技術の世界なのです。

第5章

つぶして作る圧縮成形と吸い込んで作る真空成形

37 つぶして作る圧縮成形

主に熱硬化性プラスチックの成形

　圧縮成形は、熱可塑性プラスチックよりも熱硬化性プラスチックに多く使われます。熱硬化性の成形方法としては、古くからある成形方法で、タイ焼きやワッフル作りに似ています。粘土のようなものに熱硬化性プラスチックの硬化する前のものを混ぜておき、これを団子状にして凹の下型に入れます。粉末状、顆粒状のものも使われることがあります。そして、これを凸の上型で押し潰していきます。熱硬化性プラスチックが固くなっていくのは反応して高分子になっていくからです。粘土状の中の反応前の状態では、まだ分子のつながりはあまり長くありません。金型の中で反応して分子がつながっていくのです。なので、この反応を早めるため、金型の温度は200℃程度と高くなっています。金型の中で反応が終了したら、金型を開いて成形品を取り出します。

　金型の空間よりも入れる樹脂のほうが多いと圧縮したときにはみ出してしまいますし、少ないと隙間ができてしまいます。そこで、圧縮成形には、金型に材料を入れる前に、材料をどのくらい投入するかを計量することが大切になります。

　熱硬化性プラスチックの成形では、反応するときにガスが多く発生するため、ガス抜きは重要です。しかし、このガスが液化して金型に付着するので、金型の保全には、この清掃もかかせません。また、熱硬化性プラスチックは、粘度が低いのでバリも発生しやすく、成形後のバリ取り作業もつきものです。

　このように圧縮成形は、射出成形に比較して機械も金型も簡単なので安価ですが、作業が厄介なので、熱硬化プラスチックも成形できる射出成形機もあります。熱硬化性プラスチックの射出成形機も、熱可塑性プラスチックと同じようにスクリューシリンダーを使いますが、滞留してシリンダーの中で硬化すると大変なので、逆流防止弁などは使われず、シリンダーも温度が100℃程度と低い温度で設定されます。

要点BOX
- ●圧縮成形は熱硬化性プラスチックが主流
- ●熱硬化性プラスチックは反応して硬化する

圧縮成形

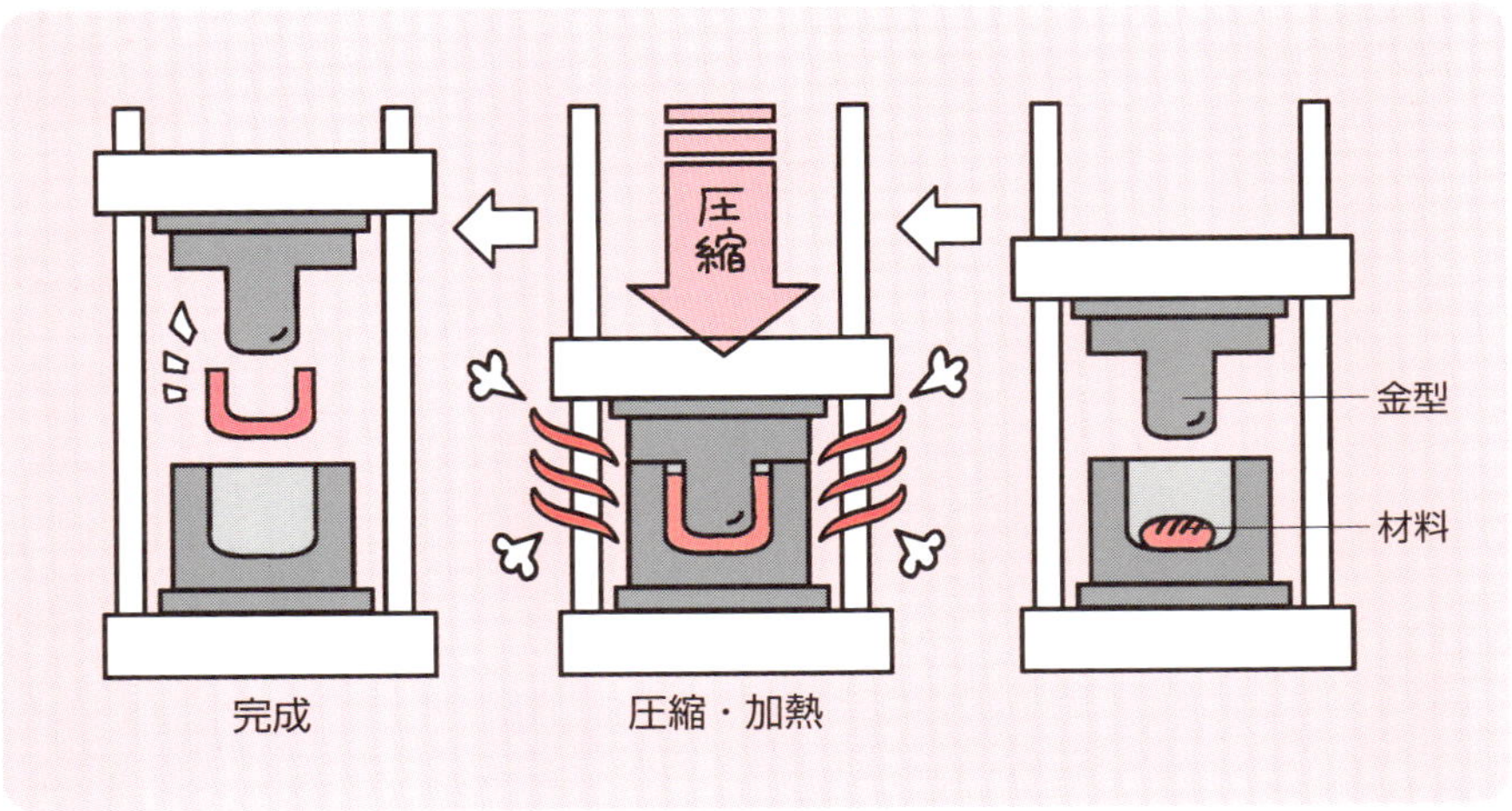

タイ焼きやワッフル作りと同じ原理で、金型の中にプラスチックを入れ、加熱・圧縮して成形する方法です。熱硬化性プラスチックを使用して椀、皿、キャップなどのような立体的な成形品を作るのに使われます。

38 SMC成形とトランスファー成形

射出成形に近いトランスファー成形

粘土状の塊の代わりに、粘土がシート状になっているものがあります。このシートは成形品の肉厚の厚いところには数枚重ねるなどして、肉厚に応じて調整することができます。材料には、熱硬化性プラスチックの元となる原料のほかに、充填材などを混ぜ込んで粘土状にしますが、この混ぜ込むことをコンパウンドするといいます。ですので、この成形方法は、シート（Sheet）を使って成形（モールディングMolding）し、この原材料がいろいろなものを混ぜ合わせたもの（コンパウンドCompound）なので、SMC（シートモールディングコンパウンド）成形と呼ばれています。SMCでは、大きなものでは、不飽和ポリエステルを使ったバスタブなども作られています。シートの代わりに、ミキサーで混ぜた粘土状の塊（バルクBulk）を使う成形方法はBMC（バルクモールディングコンパウンド）成形と呼ばれます。圧縮成形の一種になります。

圧縮成形の延長には、射出成形に近いトランスファー成形という方法があります。トランスファーとは、輸送するという意味で、トランスファーポットから金型に材料を送り出す（輸送）することをいいます。圧縮成形に比較すると、金型を閉じた状態でランナーを通じてプラスチックを送り込むものなので、バリが発生しにくいという特徴があります。また、射出成形に近いので、成形自体も圧縮成形に比べると、効率的な成形方法といえます。しかし、押し込むための高い圧力が必要なので機械が高価になるとか、押し出す側のポットに材料が残るので、材料効率が悪いなどの欠点もあります。

先ほどの、バルク状のBMC材料をホッパーからピストンや別に設置されたスクリューなどで、射出成形機のスクリューに押し込んで、射出成形することも行われています。ただし、BMCも熱硬化性プラスチックなので、射出成形といってもスクリューシリンダーはBMC専用のものになっています。

要点BOX

- SMC、BMCは材料の形からついた名前
- トランスファー成形は、圧縮成形と射出成形の中間

SMC成形

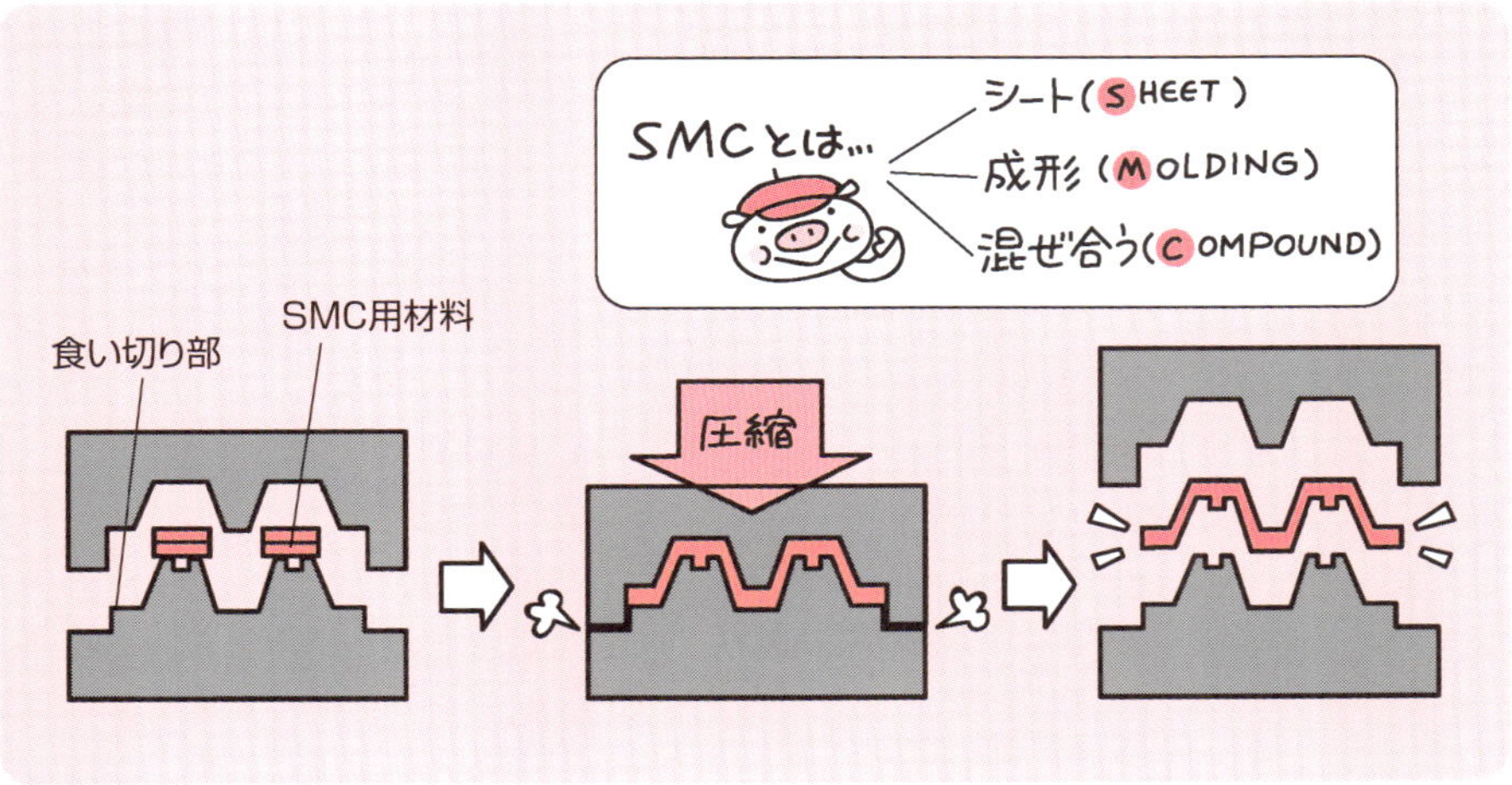

トランスファー成形

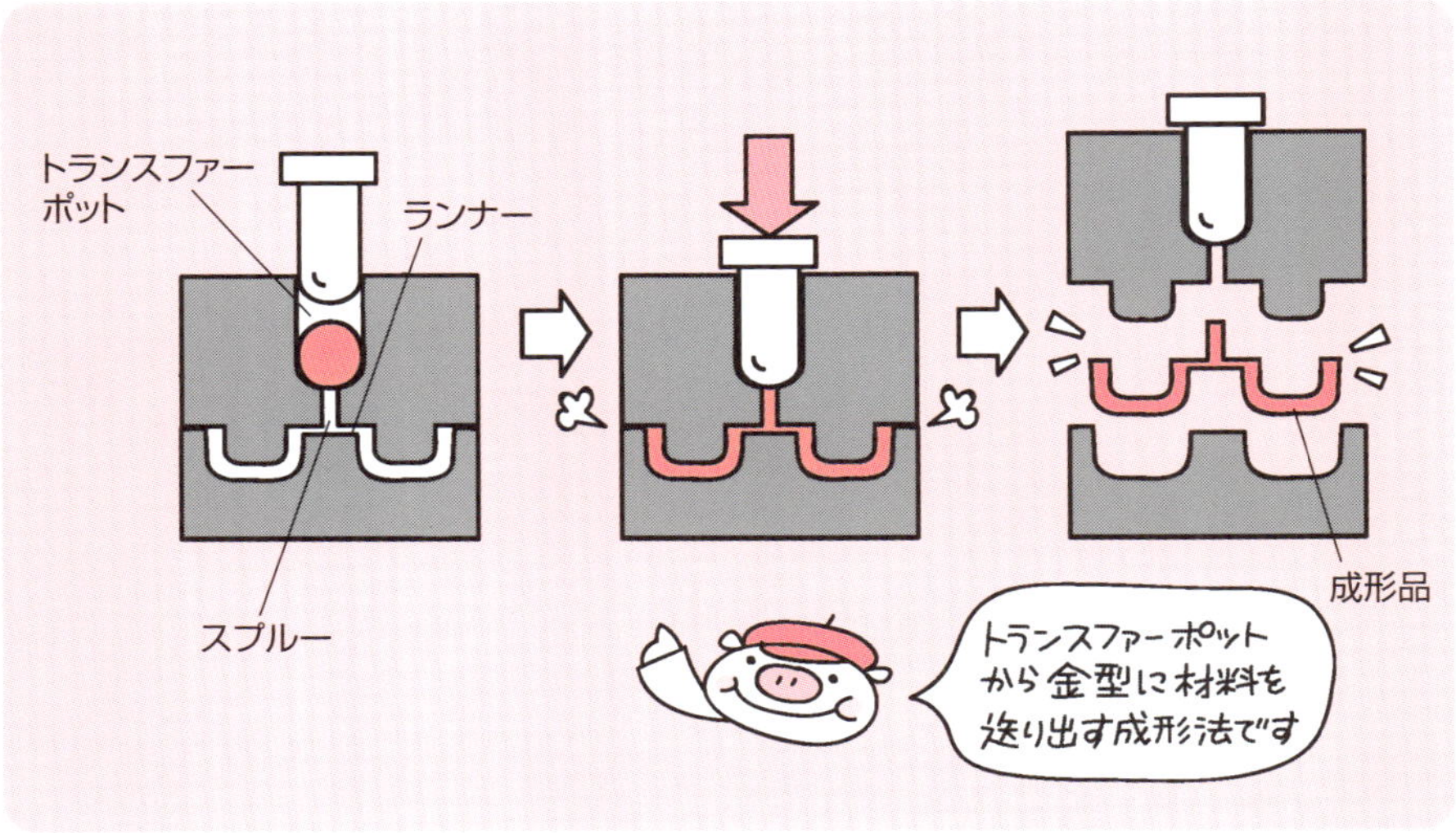

39 熱プレス成形

圧縮成形とSMC成形に類似

プラスチックのシートに熱を加えて柔らかくした後、プレスによって上型と下型とで挟み込んで形を作る成形方法を熱成形といいます。後で説明する真空成形や圧空成形も熱成形に入れられますが、ここでは、上型と下型で作られた型に挟まれて成形されるプレス成形について説明します。

プラスチックのシートには、熱可塑性のものと熱硬化性のものがあります。熱可塑性の場合には、シートを加熱するときに、材料が柔らかくなる温度まで加熱して、それを冷えた金型に挟み込むことで、金型の中で冷やして固めて形を作ります。

これに対して、熱硬化性の場合には、シートを温めることは同じですが、ある程度柔らかくなるまでにとどめます。あまり高くすると、熱によって硬化して固くなってしまうからです。この状態で、今度は、200℃くらいの高い温度に加熱した金型で挟み込みます。そうすると、金型の中でシートに含まれた熱硬化性プラスチックのもとが硬化反応を始めて固くなっていきます。圧縮成形やSMC、BMCと同じような成形方法になりますが、シートを金型で挟むところが多少異なります。そして、反応が終了すると取り出します。

ちなみに、金型温度が高い熱硬化性の熱成形をホット・プレス、金型温度が低い熱可塑性の熱成形をコールド・プレスと呼んだりしますが、海外では成形時の材料温度が金型温度より高い熱可塑性の熱成形をホット・プレス、逆に金型温度より材料温度が低い熱硬化性の成形をコールド・プレスと呼ぶところもありました。

場合によっては、同じ熱可塑性でも金型温度が融点より高い成形を暫定的にホット・プレス、低い場合をコールド・プレスとしていた例も文献で見かけたこともあるので、決まった定義はないようです。

ちなみに、鉄などの鋼材の熱間プレス、冷間プレスは、材料自体の温度の高い低いが基準になっています。

要点BOX

- 熱成形は、プレス成形、真空成形、圧空成形
- ホット・プレス、コールド・プレスは定義次第

熱プレス成形のしくみ

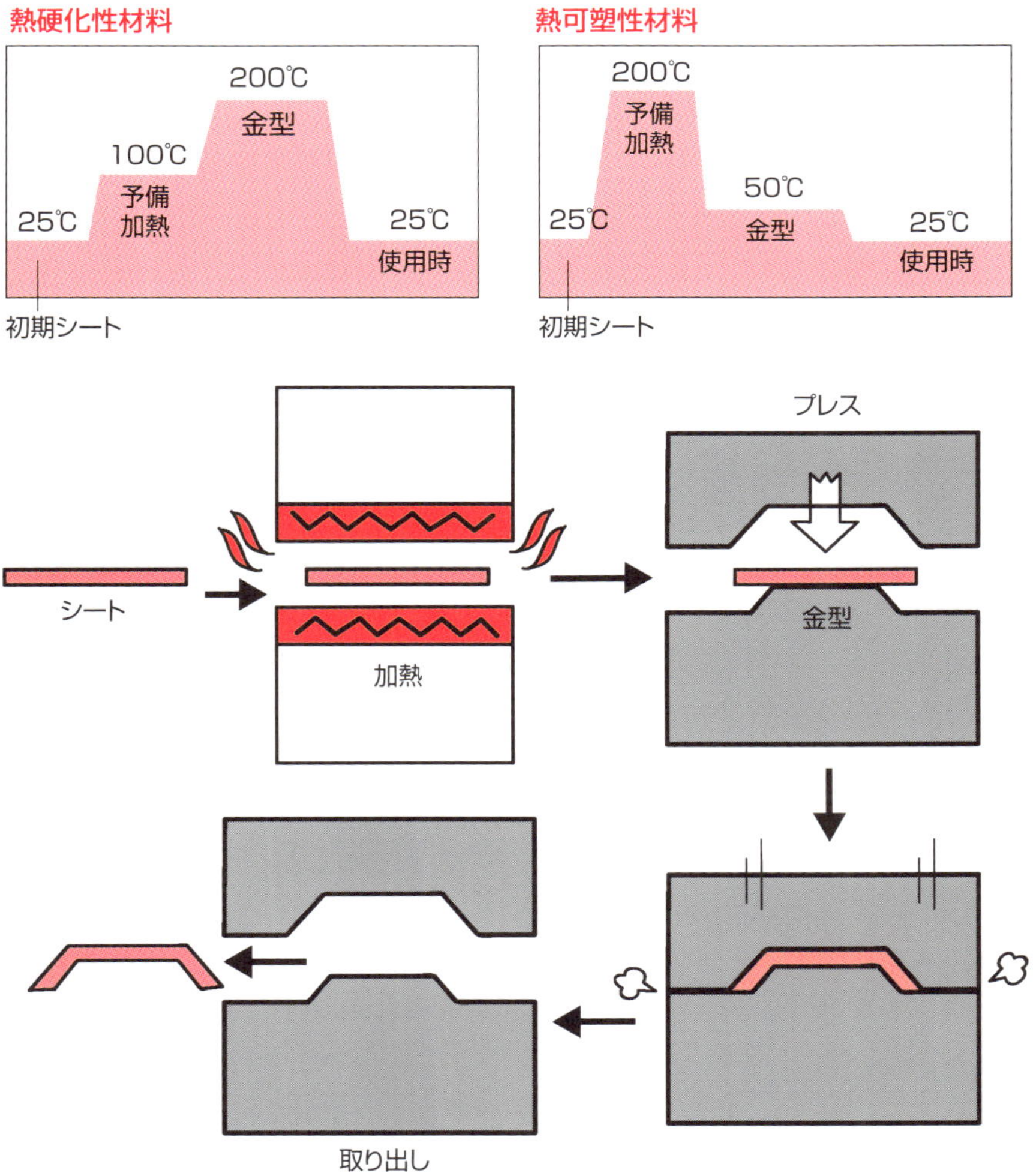

自動車の天井の内張りは熱プレス成形で作られています

40 卵パックの真空成形

吸い込んで成形する真空成形

皆さんはスーパーマーケットで卵がプラスチックのパックに入れられて売られているのを見ていると思います。このケースは、真空成形と呼ばれる成形方法で作られています。先に説明しましたが、真空成形も熱成形のひとつです。これは、プラスチックのシートをヒーターであたためて柔らかくしたものを、シートの両端から空気が漏れないようにして、型の中を真空にします。真空にするとは、簡単にいうと、吸い込むことと考えてください。そうすると、柔らかくなったシートが型に吸い込まれていきます。そして型にプラスチックが密着すると冷やされるので固まりますが、このとき、型の形を写し取るのです。ですから、型としては写し取る側の片方だけでいいのです。また、完全に真空となったとしても、地球の大気圧（日常我々が生活している空気の圧力）は一気圧程度なので、真空（ゼロ気圧）状態では、大気圧とは最大で一気圧しかありません。なので、型はそれほど頑丈である必要はありません。ちなみに、マイナスで真空の値を表示する場合もありますが、その場合は、この大気圧状態をゼロとした相対的な表現方法で、基準点の違いによるものです。

卵パック以外にも、豆腐の入っている白い容器、コンビニなどでの弁当パック、食器のトレーなどの食品関係で、真空成形で作られたものを多く見かけます。カップラーメンやカップうどんなどの容器や、ファストフード店でハンバーグなどを入れる白くて軽い断熱性容器は、発泡したプラスチックのシートを使って真空成形で作られています。ただ、発泡プラスチックではなく、工業所有権や廃棄を考慮して紙製のものも出ています。

また、ファストフード店の看板なども、この真空成形で作られていますし、おもちゃやお祭りの屋台などでよく見かけるお面なども、この方法で作られます。真空成形品も結構身近で毎日見かけるものなのです。

要点BOX
- ●真空成形は、シートを柔らかくして型に吸い込む成形方法
- ●卵パックやトレー容器が代表的

真空成形でつくられた容器

真空成形加工のしかた

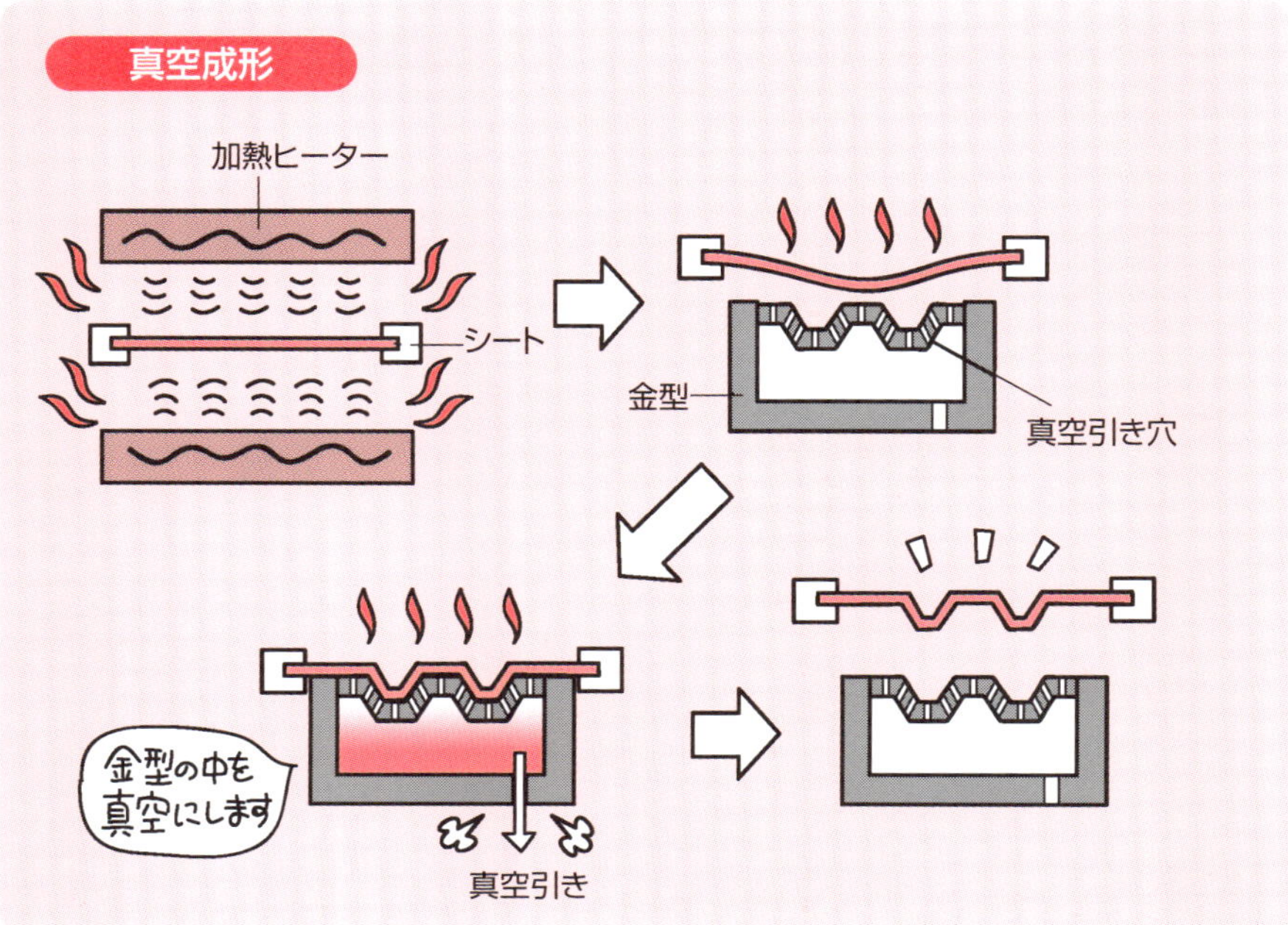

41 真空成形と圧空成形

自動車にも多く利用されている成形法

真空成形は、食品関係やおもちゃへの利用などばかりでなく、自動車分野にも広く利用されています。型に吸い込んで形を作るので、形によっては、ある場所が先に金型に当たって冷やされると、他のところが薄くなったりして綺麗にできない場合もあります。工業的にも、デザインは非常に重要なので、角の形がちょっと丸くなりすぎたり、皺がよったりすると商品価値がなくなってしまう場合さえあります。

そんなときには、加熱して柔らかくして、たるんだ状態のシートを引き延ばしたり、ふくらまして型に沿わせるような工夫もされます。場合によっては、補助のプラグというもので、部分的に押し込むなどの補助をして、形がきれいにできるようにサポートすることもあります。

しかし、真空というのは、前にも説明しましたが、我々が生活している大気圧より低いだけなので、最大に吸い込んでもマイナス一気圧です。逆に考えると、最大一気圧の圧力だけでシートを押し付けていることになるので、型への押し付ける力が足りず、金型の表面の形の転写にも限界があります。

そこで、この真空による圧力よりも、もっと大きな圧力をかけて押し付ける圧空成形が開発されました。真空で吸引する側とは反対側に圧力をかけて型に押し付ける方法です。そのためには、真空で引く側とは逆の側もボックスなどで囲んで、圧力をかけることができるような構造にすることが必要になるので、少し複雑な構造になります。真空成形と圧空成形を組み合わせた、真空圧空成形という方法もあります。

自動車のインパネやドアの内張りなどで、皮模様の感触を出すシボを、塩ビやポリウレタンなどの柔らかいシートに、真空成形で転写させることもあります。皮革調の質感を出すために、この裏側に発泡ウレタンのクッションを入れると高級感が出てきます。

要点BOX

- 真空の絶対値は最大でもマイナス一気圧
- 成形を補助するプラグアシスト

いろいろな真空成形と圧空成形

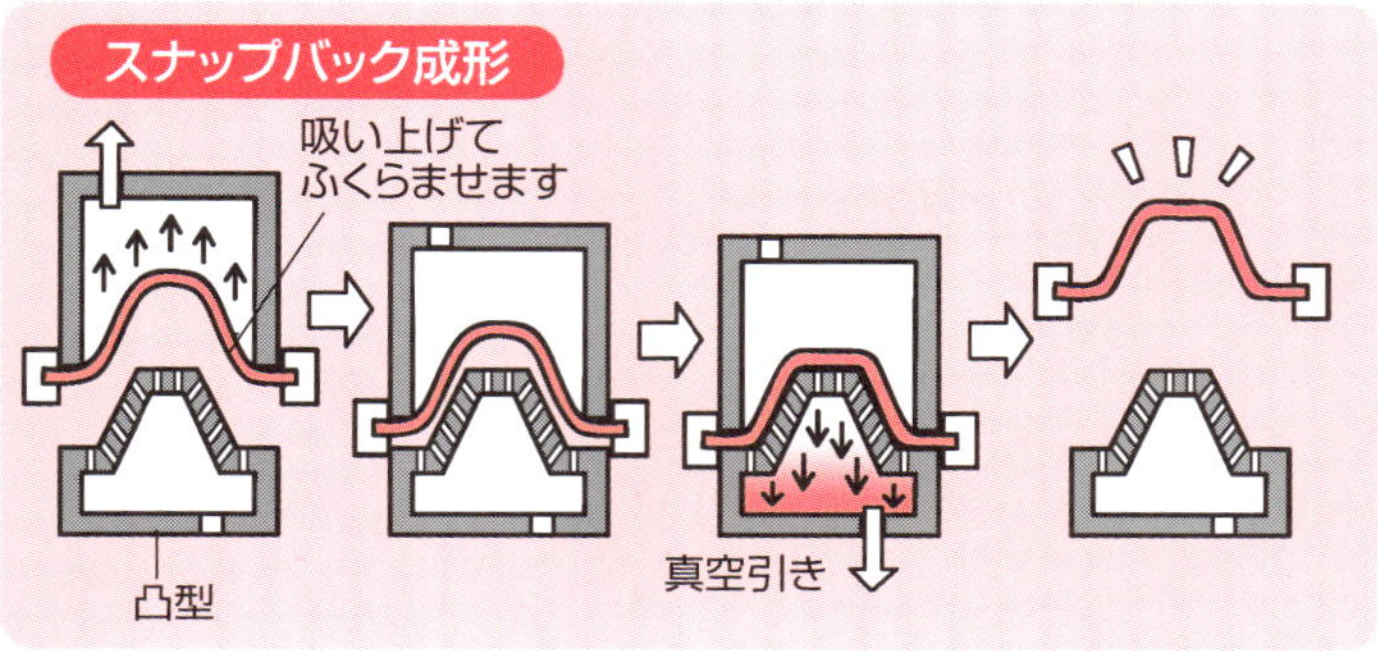

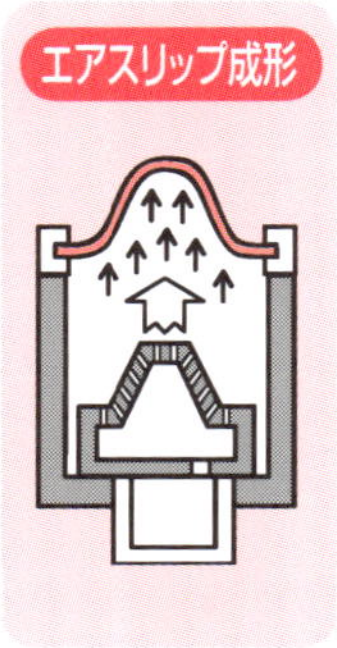

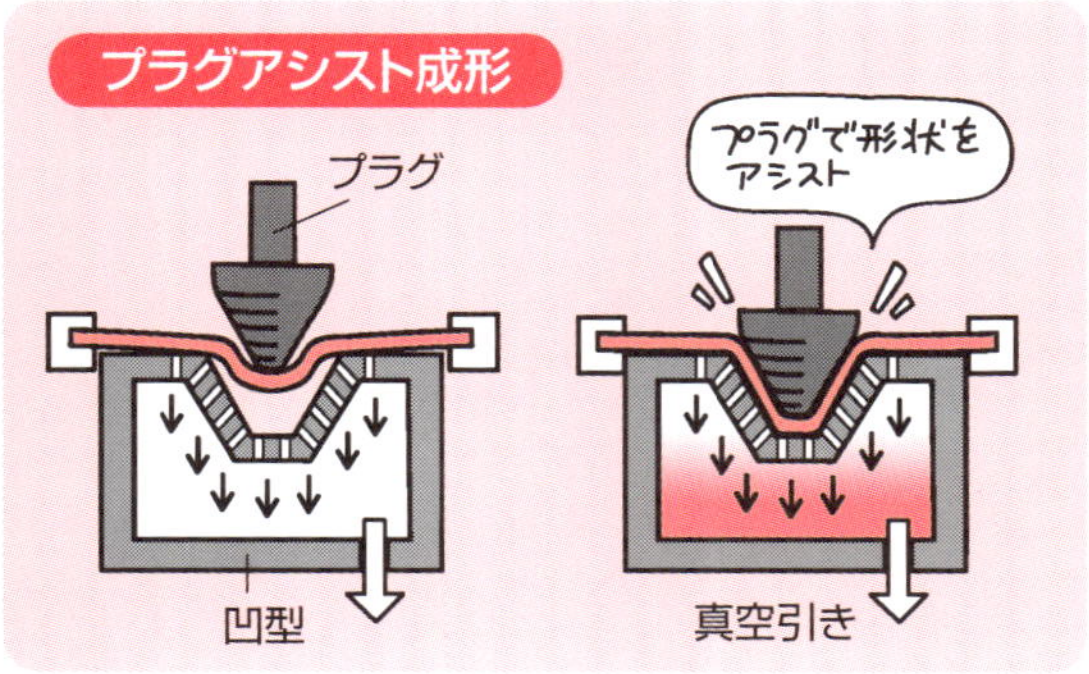

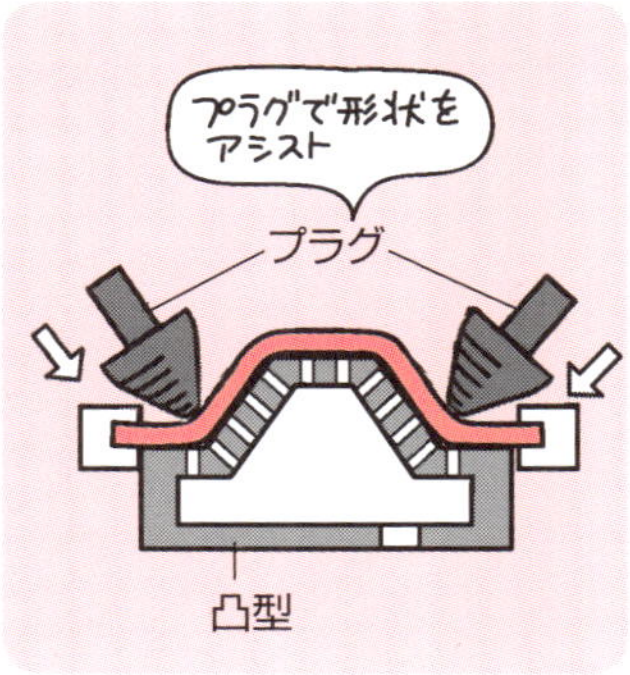

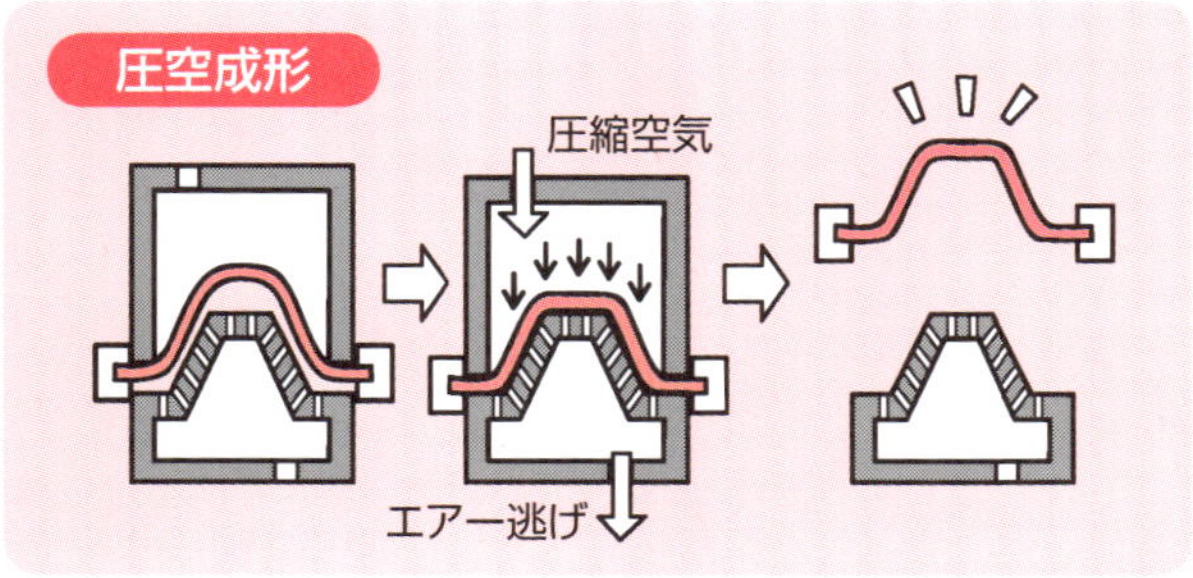

内張り表皮にも使われます

Column

成形方法の呼び方

真空成形品も圧空成形も、シートから成形するので、出来上がった製品は、ほぼ均一な厚さの薄いものが三次元形状になっています。SMCや圧縮成形では、肉厚の違うものもできます。

ここで、シートで成形するということを、冷却の観点から考えてみましょう。真空成形や圧空成形では、片側は形を作るために、型に接していますが、反対側は空気です。これは、ブロー成形のところで説明した冷却の話を思い出すと、冷却効率は悪いことがおわかりになることと思います。両側とも型に接しているプレス型のほうが、冷却面から考えると効率的なことになります。しかし、真空や圧空の圧力程度では、材料を変形させられない場合には、力ずくでつぶすしかありません。そうするとプレス成形になってしまいます。

もう一つ、熱硬化性プラスチックの場合には、熱を加えることで、化学反応を促進しています。ですから、片側が空気の状態では、熱が材料に伝わりません。

そして、成形の効率化は、このような技術的な理由によるものではなく、金型の機械の値段、生産性を含めた経済性にも関係します。

ある形の製品を作るにも、いろいろな方法がありますね。その形が一度に作れる成形方法もあれば、いくつかを組み合わせる方法でも、同じ形を作ることができることも多くあります。

これらを総合的に配慮して、どの成形方法が最適であるのかが判断されるのです。

真空成形、圧空成形、プレス成形は代表的な熱成形といわれています。

圧縮成形もSMCもBMCも、熱を加えて成形するのですが、プラスチック成形のなかでは、先の3つを熱成形と呼んで区別していますが、わかり難く混乱しやすいです。

SMCでもBMCでもプレス成形でも金型で圧縮するので、この点ではやはり圧縮成形です。

しかし、ここでも材料の形などの面から区別した呼び方がされています。

第6章

その他のプラスチック成形

42 レーザーなどで加工して作る成形方法

三次元プリンター方式

立体的な地図を作るとき、以前では地上の形を横にスライスするように、厚紙を切って積み重ねて作りました。これと同じ方法で、一枚一枚をいろいろな方法で積み重ねて立体的な製品を作ることができます。たとえば、タンパク質や砂にインクジェットで接着剤を塗布することで、接着剤を塗布したところだけが固まった一枚を作ります。それを何枚も積み重ねて、固まったところ以外の粉を取り除けば、立体地図と同じようなものを作ることができます。現在では製品の形状も三次元（3D）データにすることができるので、この作業は簡単です。これを3Dプリンターと呼んでいます。同じような方法が、プラスチックにも応用されています。インクジェットの代わりにレーザーを使って、熱可塑性のナイロンやABSなどのプラスチックの粉末を溶かして固める方法があります。インドやタイのお土産として、網目状の象の中に小象が入っている木製のものがありますが、この方法を使うと、このような形も簡単に作ることができるのです。プラスチック微粉の代わりに、金属粉をレーザーで直接焼結して、金型の一部を作ることも行われています。通常の加工では削ることのできないような複雑な迷路のような冷却回路の金型部品も作ることができます。注射器のようなもので、溶かしたプラスチックを糸のように押し出して、これを積み重ねる方法もあります。別の方法としては、紫外線を当てると固まる特殊なプラスチックを浴槽の中に入れておき、その表面をインクジェットのように、固めたい部分だけに紫外線で照射する方法もあります。それを3Dプリンターのように、成形品を載せた台を一層分下げて同じことを繰り返せばいいのです。この紫外線で固められる材料は、紫外線で硬化する熱硬化性プラスチックです。最近では、MRIやCTでの断層写真のデータから、3Dの人体の立体模型ができるようなことも可能になっています。

要点BOX
- ●各層を印刷して、積み重ねてできる立体構造
- ●各層は3Dプリンター方式の応用

積層で作る原理

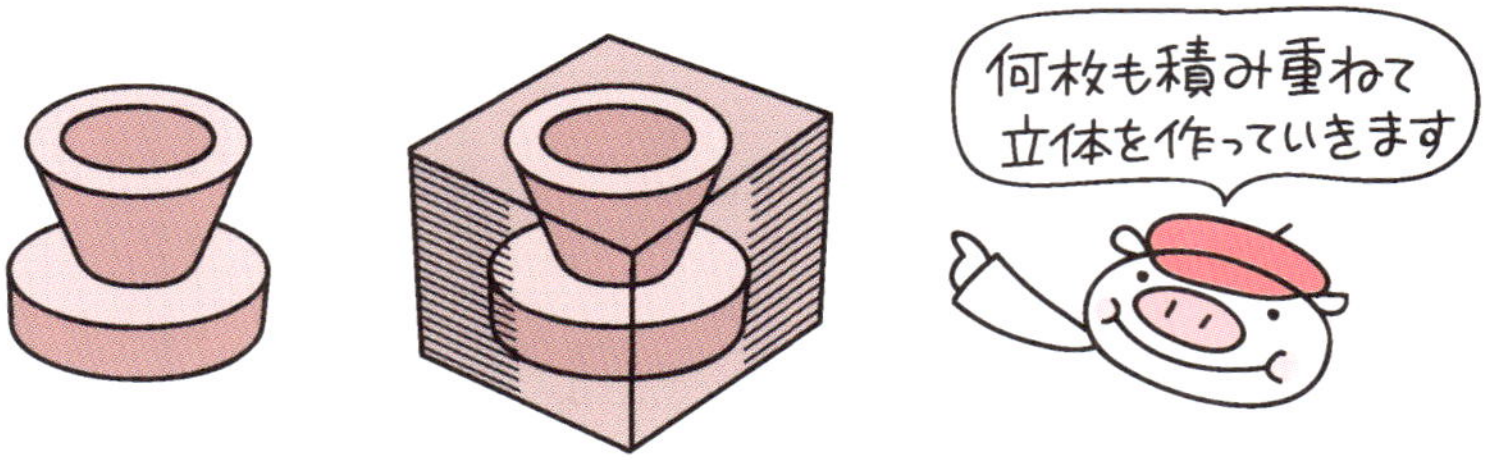

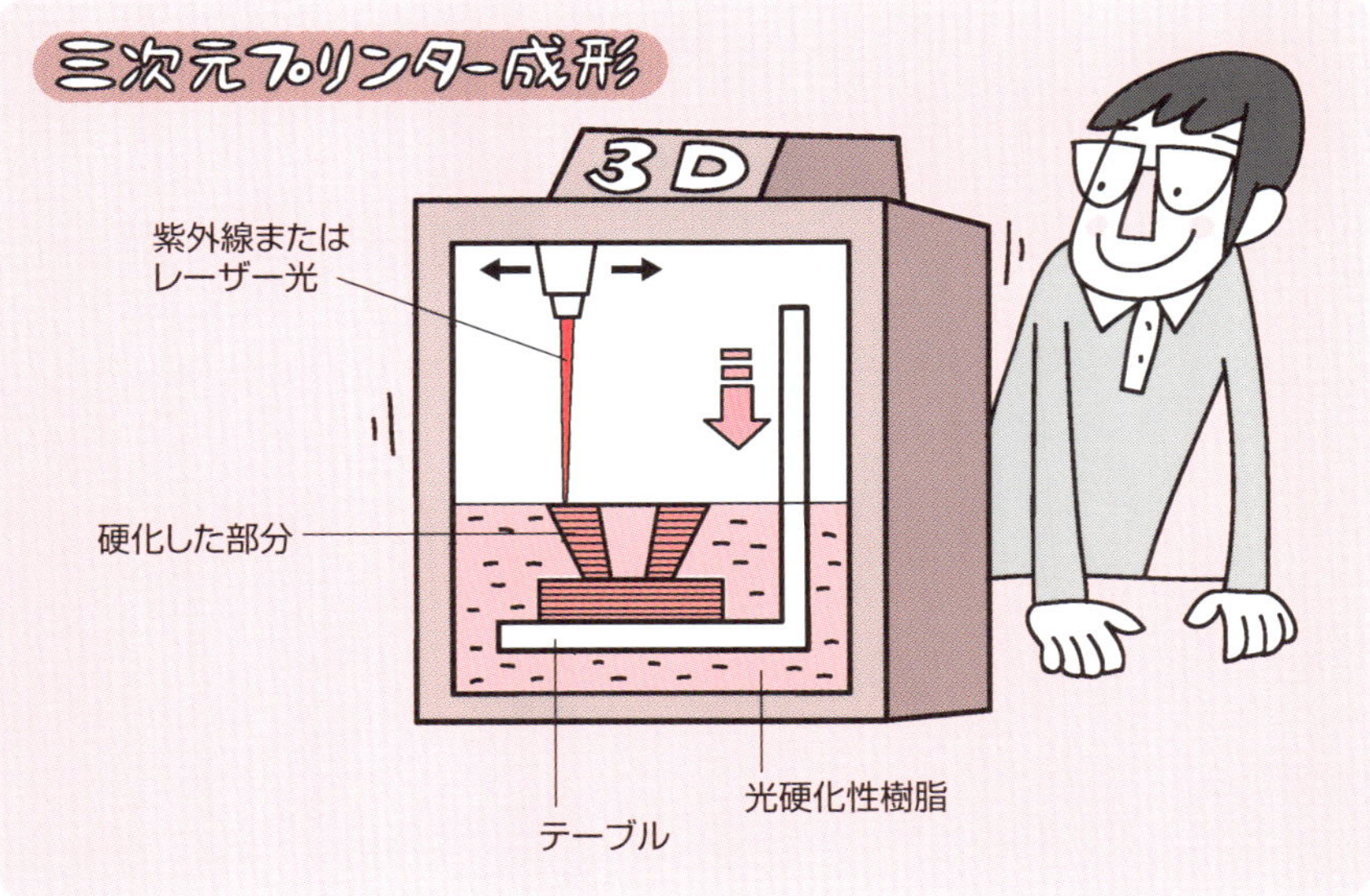

象の中に象がいます。こんなものも3Dプリンターでは簡単に作ることができます。

43 注型

お湯を注ぐようにして作る成形方法

コンクリートは、型枠で作った空間に固まる前に流して固めます。このコンクリートも化学反応して固くなっているのです。プラスチックの成形法のひとつにも、これと同じように、型枠を作って、その型枠の中にプラスチックになる前の液体状のものを注入口から流し込む方法があります。そして、型枠の中で固まるのを待って、中の成形品を取り出します。流し込む、すなわち、注ぎ込むということから注型といいます。プラスチックとしては、アクリルやナイロン、ポリウレタン、エポキシなどが使われます。複雑な形状の場合には、目的とする形のモデルを密閉容器に入れ、後で液体を流し込む注入口を取り付けてシリコン樹脂を流し込みます。内部にモデルが入った状態で、シリコン樹脂が固まります。シリコン樹脂が固まってから、これを切開して内部のモデルを取り出します。そうすると、モデルの部分が、桃を開いて種を取ったような空間になって残ります。この型を使います。この型には、さきほど取り付けた注入口もついています。これを外枠で強化して変形を抑え、先ほどのアクリルやポリウレタンなどを流し込むのです。

このモデルは、加工細工のように削ったり、切ったり貼ったりして作られることもありますが、最近では、先に説明したレーザーや紫外線などを使って作った3Dモデルを使うことが多くなりました。鋳物の砂型と同様ですが、砂型も最近ではインクジェット方式で作られるようになりました。

工業的な注型方式では、シリコン型が使える限り、数個から数十個のものを繰り返し作ることができますが、それ以上はシリコン型が痛んでくるので大量生産には向いていません。量産を検討する前の、試作品レベルに使われることが多い成形方法です。

注型自体は、昆虫をアクリルで封じ込めた、お土産物などを作る際にも使われています。

要点BOX

●プリン作りに似た注型
●注型の型の前には、モデルが必要

注型成形での加工

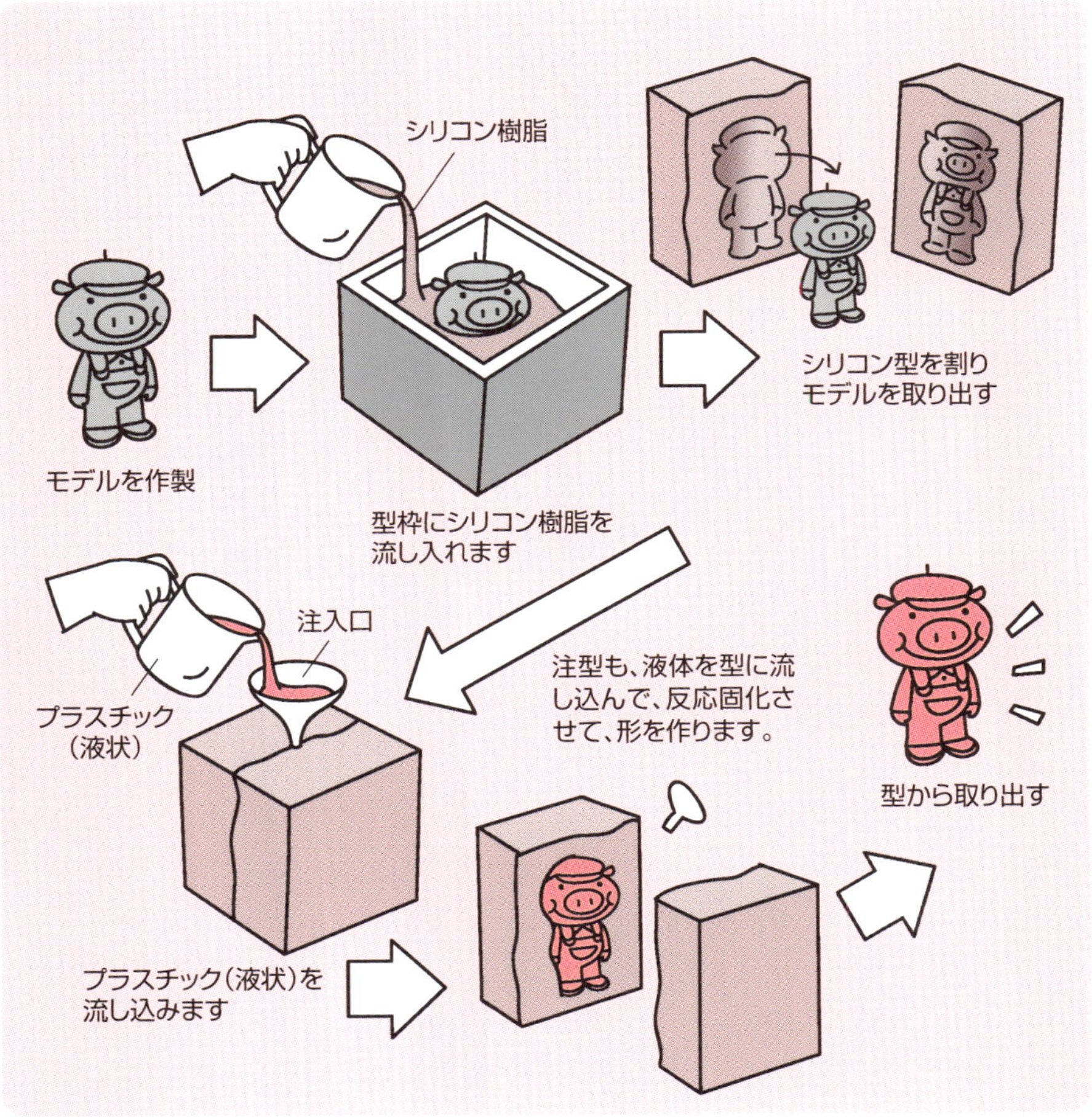
シリコン樹脂
モデルを作製
型枠にシリコン樹脂を
流し入れます
シリコン型を割り
モデルを取り出す
注入口
プラスチック
(液状)
注型も、液体を型に流
し込んで、反応固化さ
せて、形を作ります。
型から取り出す
プラスチック(液状)を
流し込みます

プリンの作り方と
似ています
プリンの素を型に
流し入れます
冷やします
型から取り出す

44 ハンドレイアップ、スプレーアップ

モーターボートなどを作る成形方法

海や湖で見かけるモーターボートや小型船舶も今ではプラスチック製です。プラスチック製といっても、ただプラスチックだけでできているわけではありません。ガラス繊維などを加えて強化しています。FRPと呼ばれますが、Fは繊維のFiberのFで、ここではガラス繊維を示しています。ときには、炭素繊維なども使われることもあります。Rは強化のReinforceのR。PはプラスチックPlasticのPです。すなわち、ガラスなどの繊維で強化されたプラスチックという意味を表している言葉なのです。コンクリートを固めるときには、コンクリートだけだと非常に脆くて、地震などが起きると、すぐに壊れてしまいます。これを補助するために、鉄筋が入っていることは、みなさんもよく知っていると思います。この鉄筋と同じ働きをするのが、ガラスなどの繊維なのです。

ボートを作るときにも、やはり型を使います。木などでできた型の中に、先にゲルコートをしておきます。そこにガラス繊維でできたシートを貼り、ポリエステル樹脂などをローラーで塗って染み込ませていきます。それを何度も何度も繰り返して積み重ねていきます。積層するので、積層成形とも呼ばれます。このとき、積層した部分に空気が入り込まないように、ローラーで空気を押し出しながら樹脂を含浸させていきます。熟練した人とそうでない人では、このあたりにも違いがでてきて、出来上がりの品質にも違いが発生します。ボートが出来上がるまでには、熟練度合によっても差がありますが、数か月程度はかかります。この方法をハンドレイアップと呼びますが、ハンドレイアップを少し自動化させたものが、スプレーアップと呼ばれる方法です。ゲルコートした木型に、ガラス繊維のロービングしたものを切断機（チョッパー）で切りながら、型に振り撒く（スプレーする）と同時に、熱硬化性の樹脂を硬化剤と一緒に塗布していく方法です。システム浴槽や、タンクなどの成形に使用されています。

要点BOX
- ●生産数量の少ないものは手作業成形
- ●少し自動化されたスプレーアップ

ハンドレイアップ方式

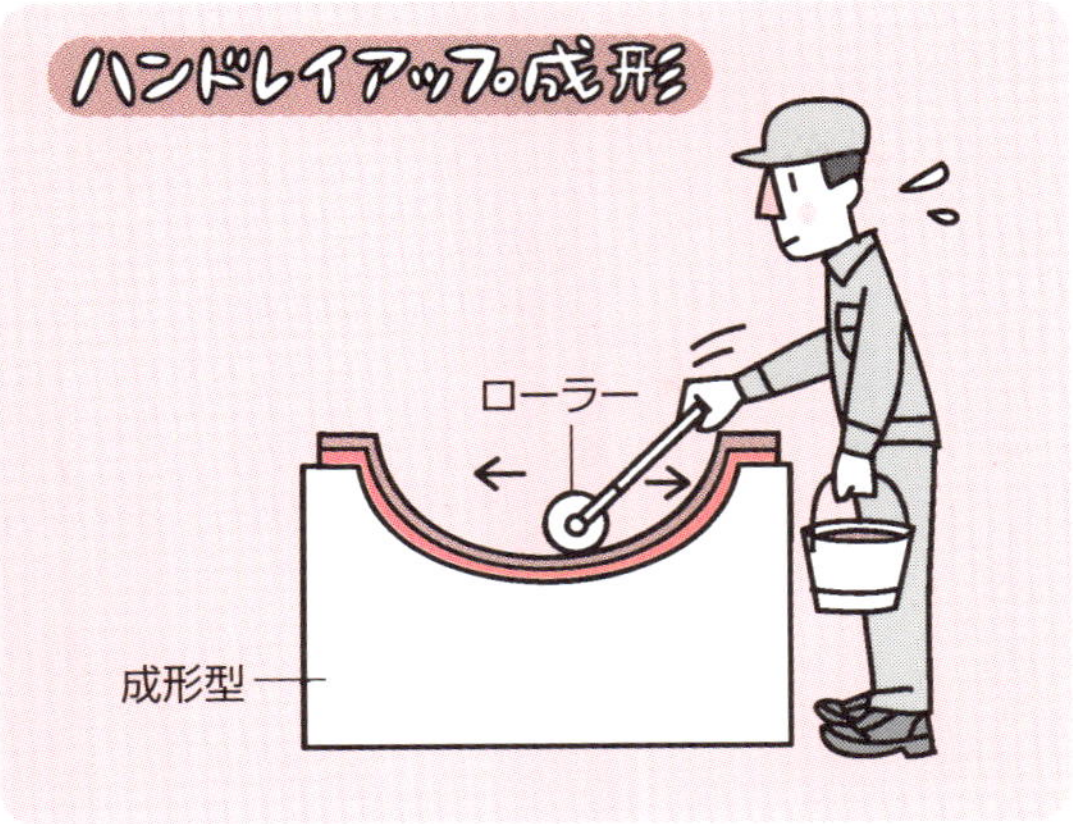

モーターボート

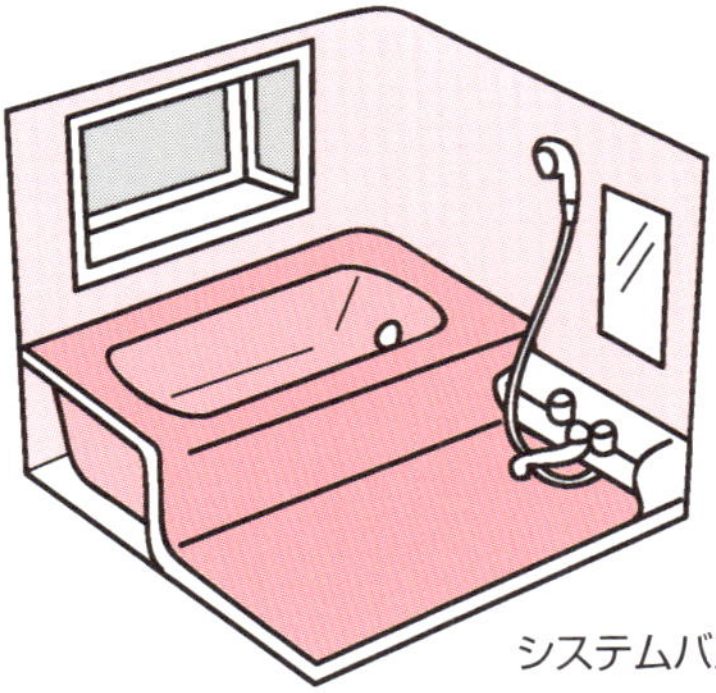

システムバス

45 浸漬成形法

漬けこんでまとわりつかせる成形

手袋や風船など、ゴム状で袋のようになっている成形品を作る方法です。たとえば、手袋を作る場合には、手の形をした雄金型を作ります。そして、この雄金型に離型剤を塗布して、予熱します。つぎに、この予熱した型を、天然ゴムや合成ゴムのラテックスや塩化ビニルなどの液体状（ゾル）の槽に漬けて、その液体を雄型の周囲に付着させます。このとき、雄金型は熱くなっているので、雄金型に接した液体は硬化を始めていますが、外側はまだ硬化していません。そこで、これを取り出して、加熱炉の中に入れ、加熱して、外側も硬化（ゲル化）させ、その後冷却して、雄金型から剥ぎ取って完了します。

このゾルの中に漬ける様子は、焼き鳥をタレに漬ける様子を思い浮かべるとわかりやすいでしょう。漬けるという意味の英語で、ディップ成形とも呼ばれます。ゾルというのは液体状で、ゲルというのは固体状になったものと考えてください。剥ぎ取るときには、内側から空気を吹き込むと簡単に外すことができます。ゴム状の材料であるので、剥ぎ取ることができれば、複雑な形状も成形可能で、色も各種のものができます。コンドームも、ガラス型を利用してこの方法で生産されています。

浸漬成形では、雄金型しかなく、その外側にゾルの液体をまとわりつかせるので、その厚さは浸漬しておく時間や、ゾルの粘度などによって調節します。

このように、液体に漬けて塗布させる方法以外に、塗装のような要領で、塩ビゾル（塩化ビニルの液体状のもの）を塗布する浸漬塗装（ディップ・コーティング）というものもあります。ガラスや陶器などを被覆して、割れたときの飛散防止として使われます。ガラス製品や陶器など自体を雄金型と考えれば、浸漬成形と比較して、表皮を剥ぎ取らずに、そのまま被覆しているのが違いです。ペンチやプライヤーなどの手に接する部分なども、この浸漬塗装方法を使っています。

要点BOX
- ●焼き鳥のタレ付けに似た浸漬成形
- ●浸漬はディップ

ディップ成形

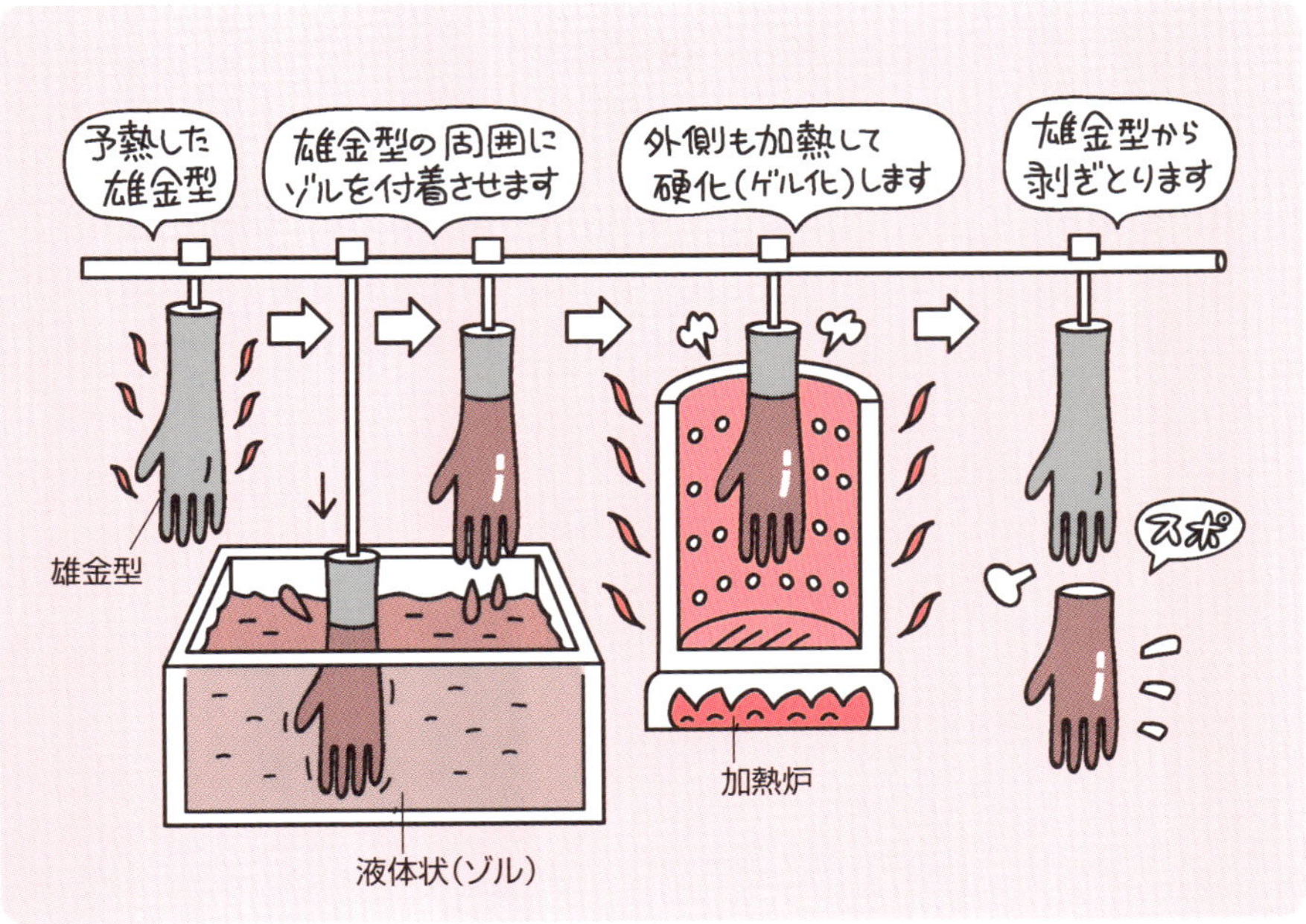

予熱した
雄金型
雄金型の周囲に
ゾルを付着させます
外側も加熱して
硬化(ゲル化)します
雄金型から
剥ぎとります
スポ
雄金型
加熱炉
液体状(ゾル)

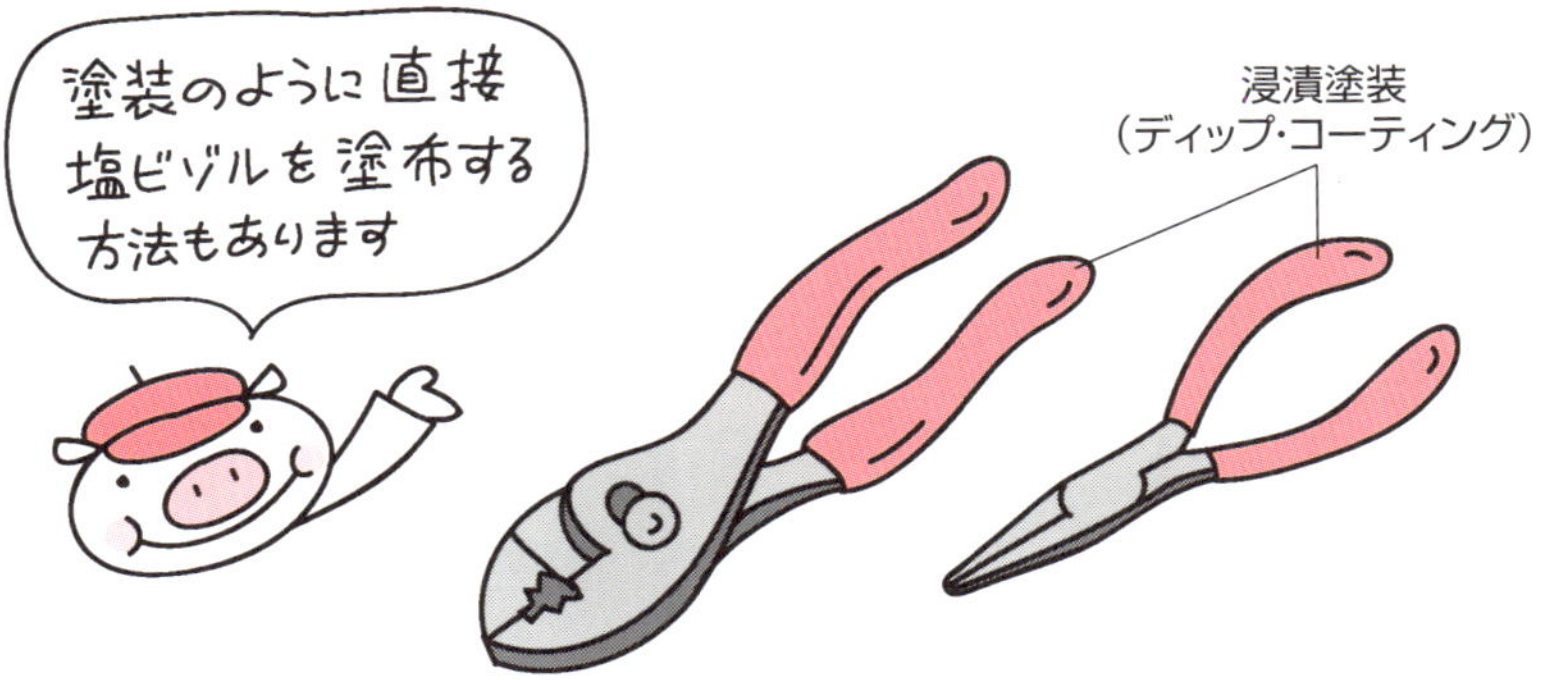

塗装のように直接
塩ビゾルを塗布する
方法もあります
浸漬塗装
(ディップ・コーティング)

ペンチやニッパーなどの握り部に、やわらかなプラスチックが塗られたようになっていますが、これも浸漬方法によって付着させたものです。

46 パウダースラッシュ、回転成形

粉末を使う成形方法

パウダースラッシュのパウダーは粉の意味で、樹脂の粉を使う成形方法です。浸漬成形とは逆に、雌型を考えてください。この雌型を樹脂の粉が溶ける温度まで加熱して、その中に粉状の樹脂粉を入れます。この粉状の樹脂粉は、柔らかな塩ビやウレタンなどです。

まず、粉状の樹脂を下側の箱の中に入れておきます。雌型の加熱された型をこれにかぶせます。そして、この雌型と樹脂粉の入った箱を一緒に回転させます。そうすると、箱に入っていた樹脂の粉が、雌型の内側に落ちていきます。型に接した樹脂粉は溶けて雌型に付着していき、溶けずに残った粉は、また元の箱に戻っていきます。回転を続けると、ある厚さに溶けた樹脂の層が雌型の内側に付着していきます。

つぎに樹脂粉の箱と分離して、今度は雌型に外側から水のシャワーをかけるなどして冷やします。そして、冷えて固まった樹脂を、雌型の金型の内面から引きはがすようにして離型させて取り出します。この方法で、高級車のインパネの表皮などを成形し、これと射出成形で作った内側との間に発泡したクッションを入れて人工革の感じを出します。真空成形で成形した表皮よりも柔らかく高級感があります。

これと同じように粉を使う方法として、全体が製品の形状を成形する回転成形があります。回転成形は、たとえばタンクのような大きな中空状のものを作る方法です。回転成形では、加熱した型の内部に粉を入れて、型を回転させ内壁に溶融付着させたのち、これを冷やします。このとき回転は一軸だけではなく、二軸で回転させて、全体にまんべんなく樹脂が付着するようにします。そして型を開いて製品を取り出します。この成形方法は、ブロー成形のように、内部に圧力をかける必要がないので、金型もそれほど強くなくてもかまいません。街頭の電気の外側ケースやマネキン、大きなものでは大容量のポリタンク、ゴルフカートの車体などもこの成形法で作られています。

要点BOX
- ●パウダースラッシュも回転成形も粉から成形
- ●高級自動車のインパネにも採用されている

粉から作る成形方法

パウダースラッシュ成形

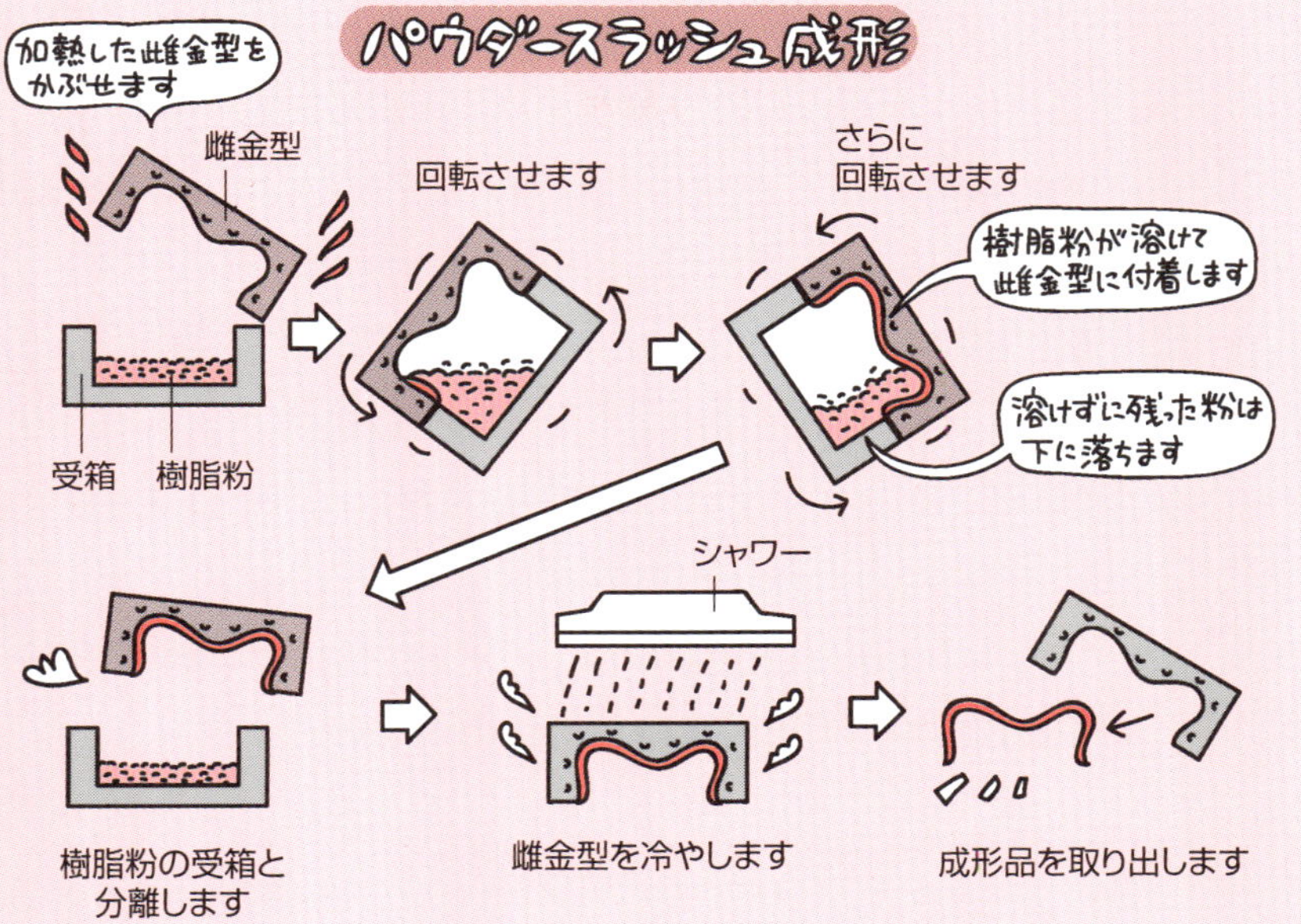
加熱した雌金型をかぶせます
雌金型
受箱
樹脂粉
回転させます
さらに
回転させます
樹脂粉が溶けて雌金型に付着します
溶けずに残った粉は下に落ちます
シャワー
樹脂粉の受箱と
分離します
雌金型を冷やします
成形品を取り出します

車のインパネの表皮などに使われます。

回転成形

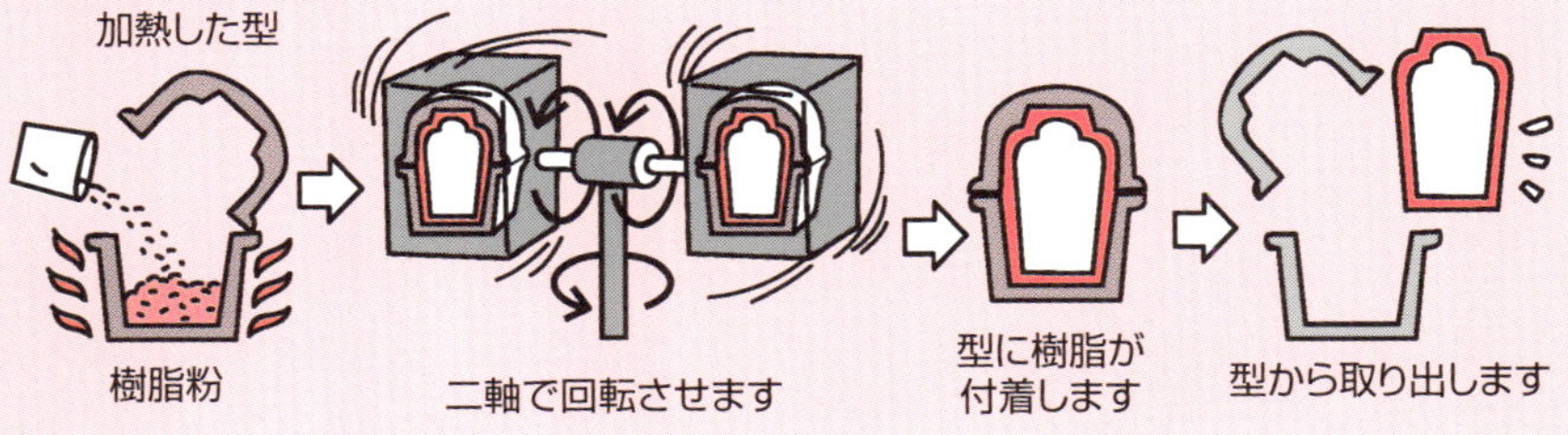
加熱した型
樹脂粉
二軸で回転させます
型に樹脂が
付着します
型から取り出します

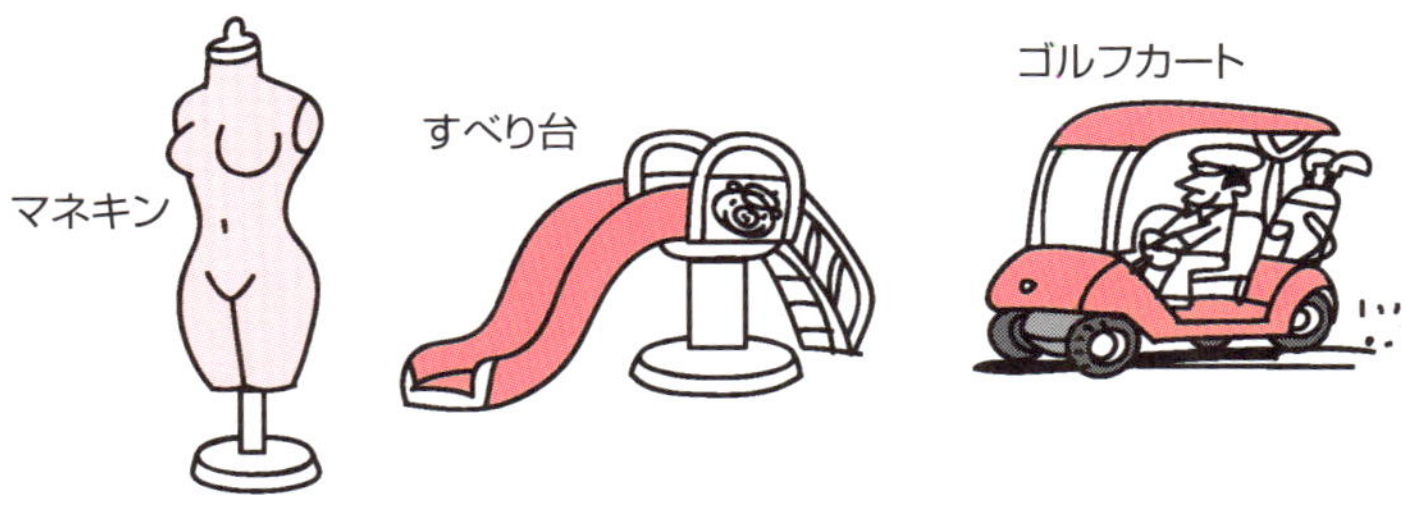
マネキン
すべり台
ゴルフカート

47 反応成形法

液体を混ぜ合わせて流し込む成形方法

樹脂の元の液体二液をタンクに入れておき、これをミキシングノズルでよくかき混ぜて、金型で作った製品の空間に注入して化学反応させる方法が、RIMと呼ばれる成形方法です。RIMとはReaction Injection Moldingの略で、Reaction（リアクション）は反応、Injection（インジェクション）は射出、Molding（モールディング）は成形の意味です。反応射出成形とも呼ばれます。昔は、ポリウレタンで車のバンパーも作られていました。ポリウレタンの場合の二液とは、ポリオールとイソシアネートと呼ばれる液体です。液体なので、金型へ注入するときの圧力は10気圧以下でそれほど高くはありません。しかし、液体なので、粘度が低くバリを発生しやすいという問題があります。

ポリウレタンの代わりに、ジシクロペンタジエンという名前の原料を使ったものもあります。小型のパワーショベルなどの建設機械のバンパーに使われたり、浄化槽にも利用されています。先のポリウレタン成形で発泡させると発泡ポリウレタンとなり、断熱材やクッション材として使用されます。発泡法には、機械的に発泡させたり、発泡剤で泡を作ったりといろいろな方法があります。発泡ウレタンを使った製品もいろいろ見かけますが、型に発泡ウレタンを流し込んで作る方法、大きな発泡ウレタンの塊を先に作って、それを切って分けて形を作る方法があり、自動車の椅子などのクッションにも多く使われています。建設現場などで見かける簡易式のプレハブ・ハウスの壁の中にも発泡ウレタンが断熱材として使われています。この場合には、ベニヤ板などで作られた壁を型枠として、この隙間に、ガソリンの注入口のようなノズルから発泡したウレタン樹脂を吹き出して流し込みます。パウダー・スラッシュ成形で作られたインパネの表皮と基材との間のクッションとしても、このような成形方法が使われています。

要点BOX
- ●液体を混ぜて化学反応で固める反応成形
- ●射出成形よりは、圧力はずっと低い。

反応射出成形

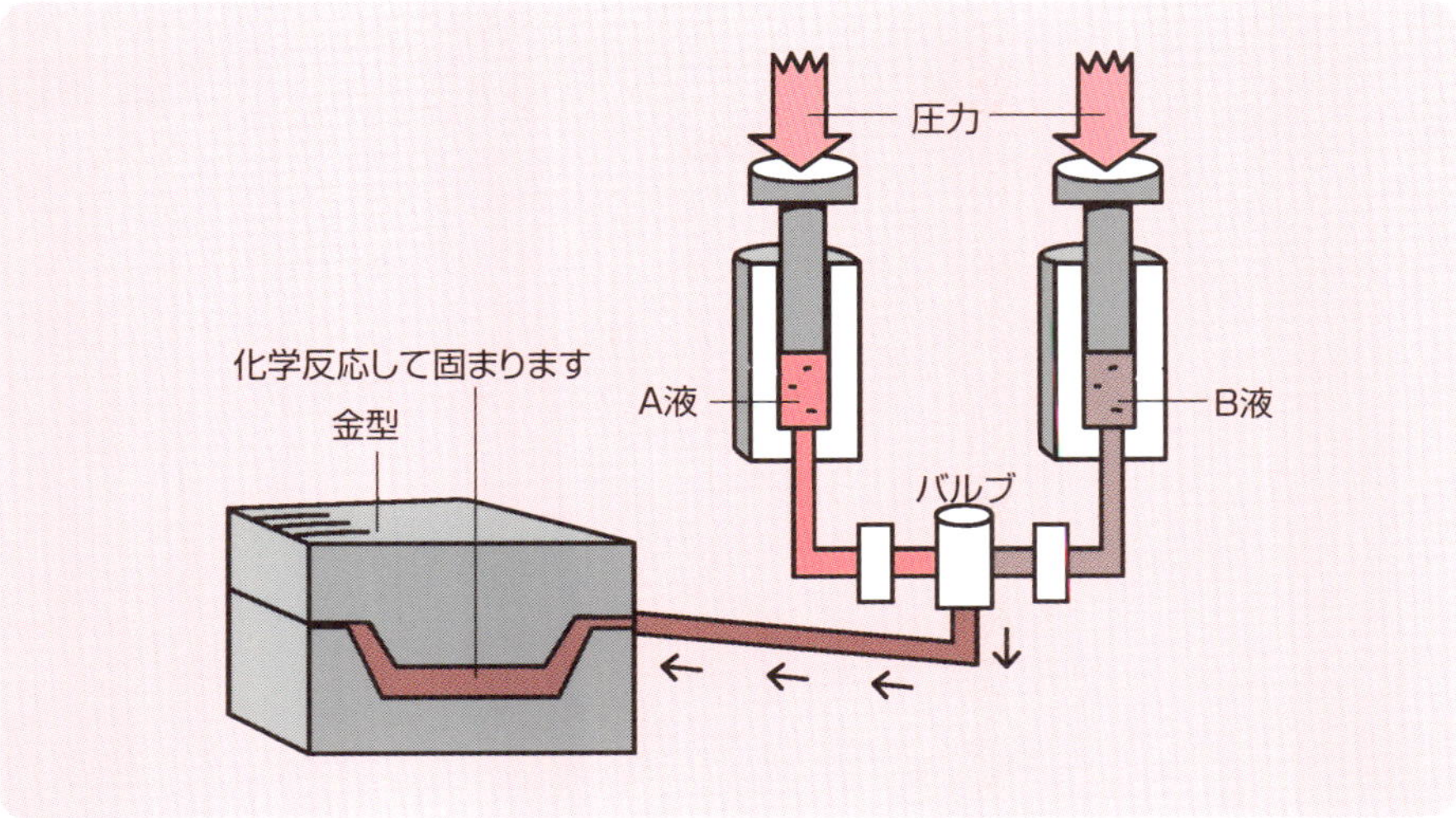

2液混合式染髪器具

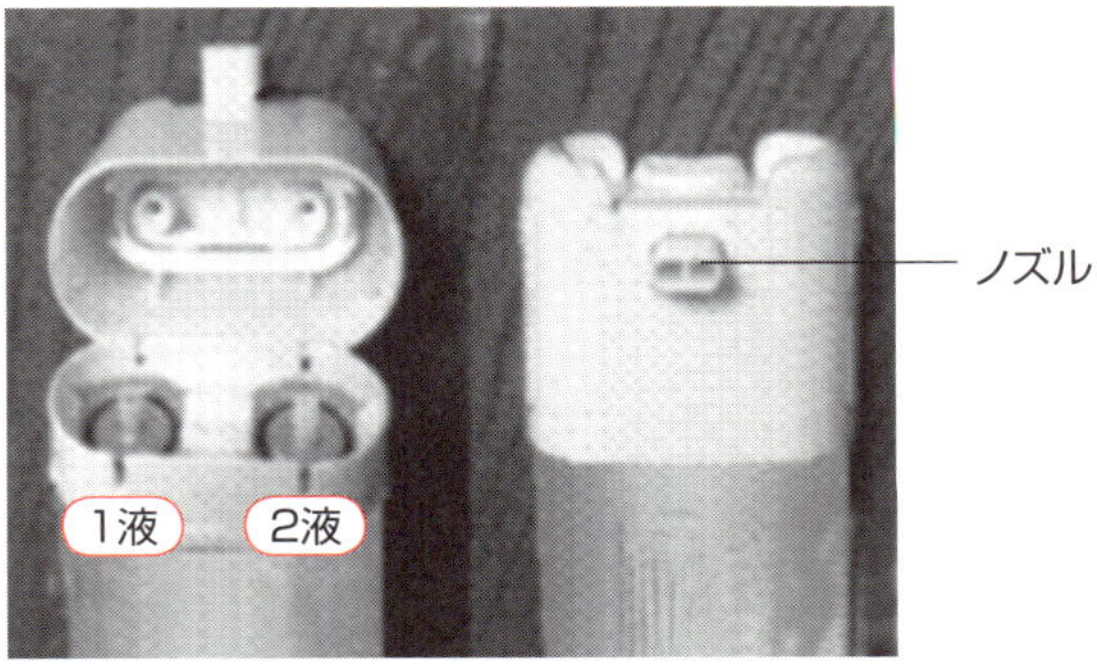

市販の2液混合型の髪を染める薬です。

パウダースラッシュで作った表皮の内側に発泡ウレタンが入っている車もあります。

48 発泡スチロール成形

押出し成形とは違う発泡スチロール成形

携帯電話やカメラなどを買うと、白くて軽いプラスチックでできたクッションの中に製品が納められているのを皆さんも日常経験していると思います。あれが、発泡スチロールです。よく見ると、小さなつぶつぶが集合してできていることがわかると思います。これは、ポリスチレン、別名をポリスチロールとも呼ばれるプラスチックの一種に泡が含まれて発泡しているからで軽いものです。お祭りやピクニックなどで使われる、握りつぶすとぱりぱりと割れてしまう透明な薄いコップもポリスチレンでできていますが、これは発泡していません。発泡すると、泡が含まれているため光が通り抜けず透明にはならず白く見えます。

成形方法は、温度が高くなると発泡するガスをビーズ状のポリスチレンに事前に含ませておきます。その後、ポリスチレンは90℃付近で柔らかくなるので、水蒸気で予備加熱すると含まれていたガスが泡状になり、ポリスチレンのビーズをふくらませます。ふくらんだビーズの表面は柔らかくなっていきます。これを型の中に送り込みます。そうして、さらに蒸気で加熱したり、真空にしたりして、型の中で膨張させると、それぞれがくっつき合っていきます。その後、冷やされてできたものが発泡スチロールでできた製品になるのです。30倍から50倍程度に発泡していますので、よく観察するとつぶつぶの集合体でできているのがわかります。発泡して膨張しているので、膨張のExpandを使ったポリスチレンなのでEPS（Expanded Poly Styrene）と呼ばれています。

発泡ポリプロピレンも同様の方法で作られます。発泡スチロールも発泡ポリプロピレンも白いので見ただけでは区別するのは難しいところです。発泡スチロールは割れやすいのですが、ポリプロピレンは割れにくいので、割れやすさで区別することができます。発泡ポリプロピレンは、発泡スチロールに比較して高価なので、特殊な用途に使用されています。

要点BOX
- ●つぶつぶの見える発泡スチロール成形
- ●梱包用クッションが多い

発泡スチロールの成形方法

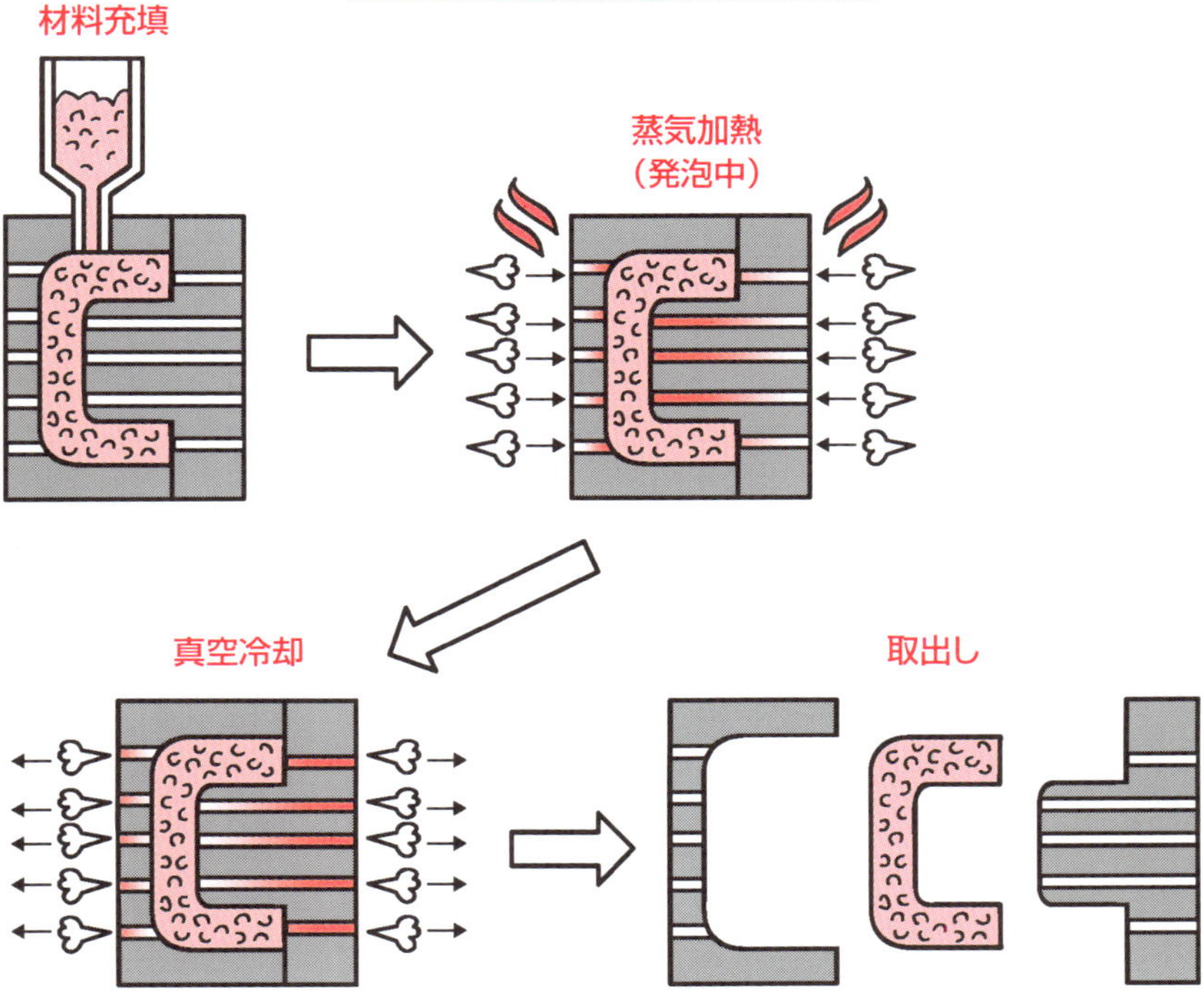

タイでのカップ麺
つぶつぶが見られます

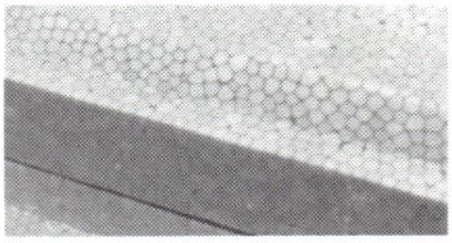

EPS製品の
つぶつぶ

拡大すると粒々が
見えます

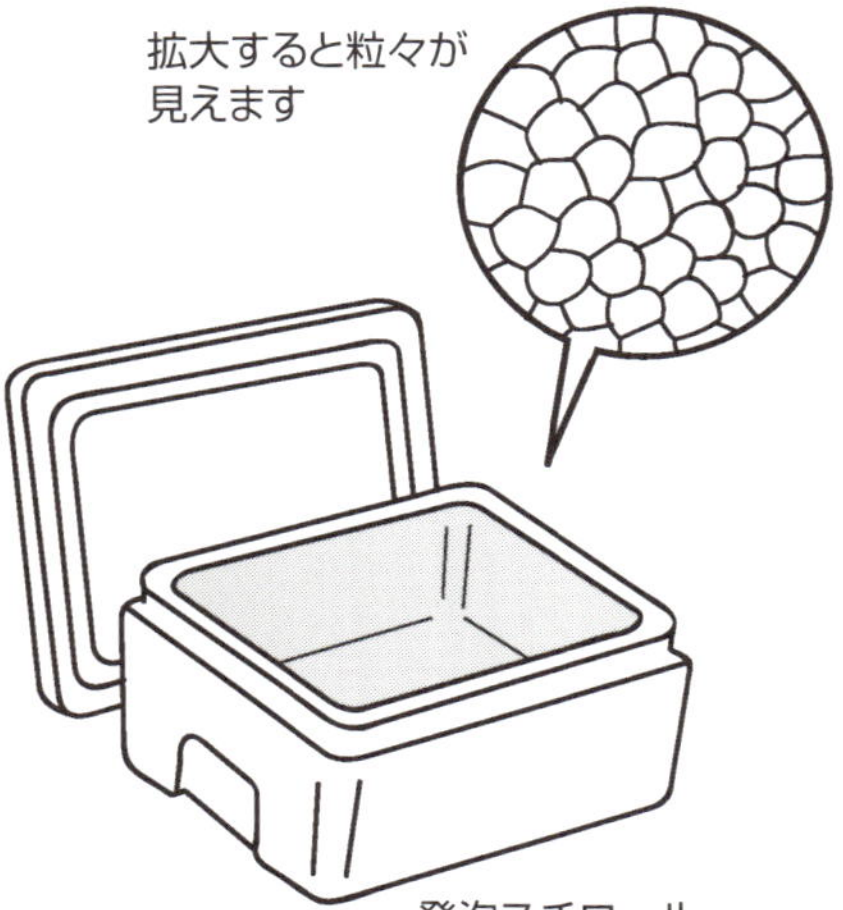

発泡スチロール

49 引抜成形

引っ張って抜き取る成形方法

電線被覆成形は、プラスチックを押し出しながら引き抜いていましたが、引抜成形もこれと似たような成形方法です。押出し成形は、英語でも「外に出す」という意味を持つ接頭辞ExのExtrusionという言葉が使われます。これに対して、引抜成形は「引っ張る」Pullのでpultrusionといわれます。たとえば、何本もの糸を撚りながら束ねて糊で接着することを考えてみてください。糸なので、一本ずつを撚りながらからませて引っ張っていくことになります。押し出すことはできません。その前に、糊を糸に塗ることになりますが、これは糊の浴槽を通して行います。つけすぎた糊は、撚って束ねた後に搾り取ると余分な糊を除去できます。その後に糊を乾かしていけばいいことになります。

これと同じことを行うのが、熱硬化性プラスチックを使った引抜成形なのです。ガラス繊維（Glass Fiber）や炭素繊維（Carbon Fiber）で強化したプラスチックを、FRPやCFRPと呼びますが、引抜成形もFRP成形になります。ガラス繊維や炭素繊維などを、不飽和ポリエステル樹脂やエポキシ樹脂、フェノール樹脂などの反応する前の液体の入った浴槽に漬けて引き取っていきます。その後、余分なプラスチックを搾り取り、それを撚りあわせたり、場合によっては、その外部を交差しながら編むようにした後、所定の形をした入口を通して形を調整します。そして、つぎに熱硬化性プラスチックの反応を促進するために、加熱炉を通して効果反応させて外部に引き取っていきます。ゴルフのシャフトや、釣竿、アーチェリーや和弓の矢にもカーボンファイバー製のものがありますが、それらは、この引抜成形によって作られています。引抜成形も押出し成形と同じように、ダイを通して連続して生産するので、同じ形状の板状や丸や四角のパイプをはじめ、凹型のチャンネルなどの建材の構造材などにも使われています。

要点BOX
●液体を染み込ませて、反応させて固める成形
●棒状製品が主流

引抜成形のしくみ

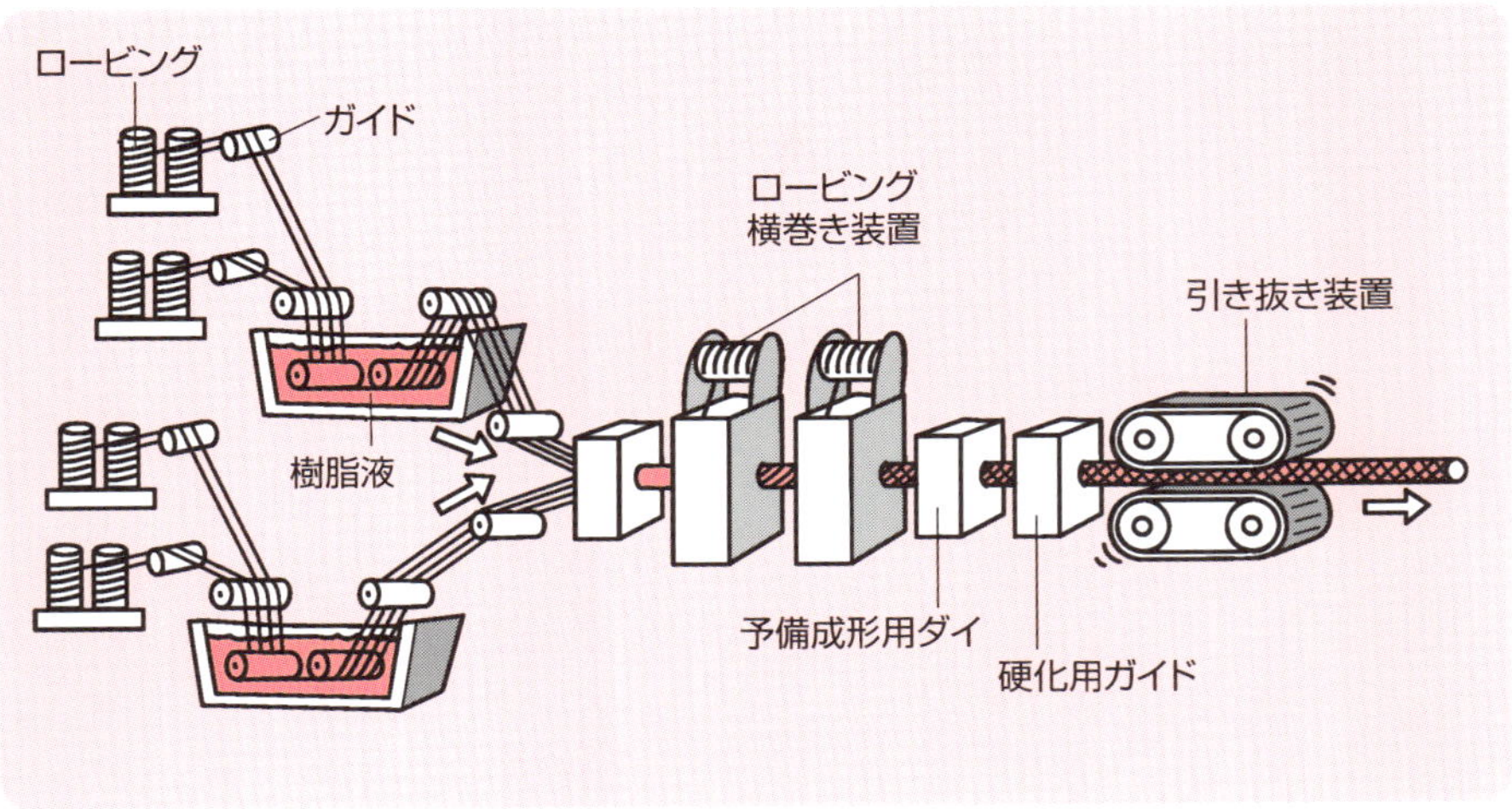

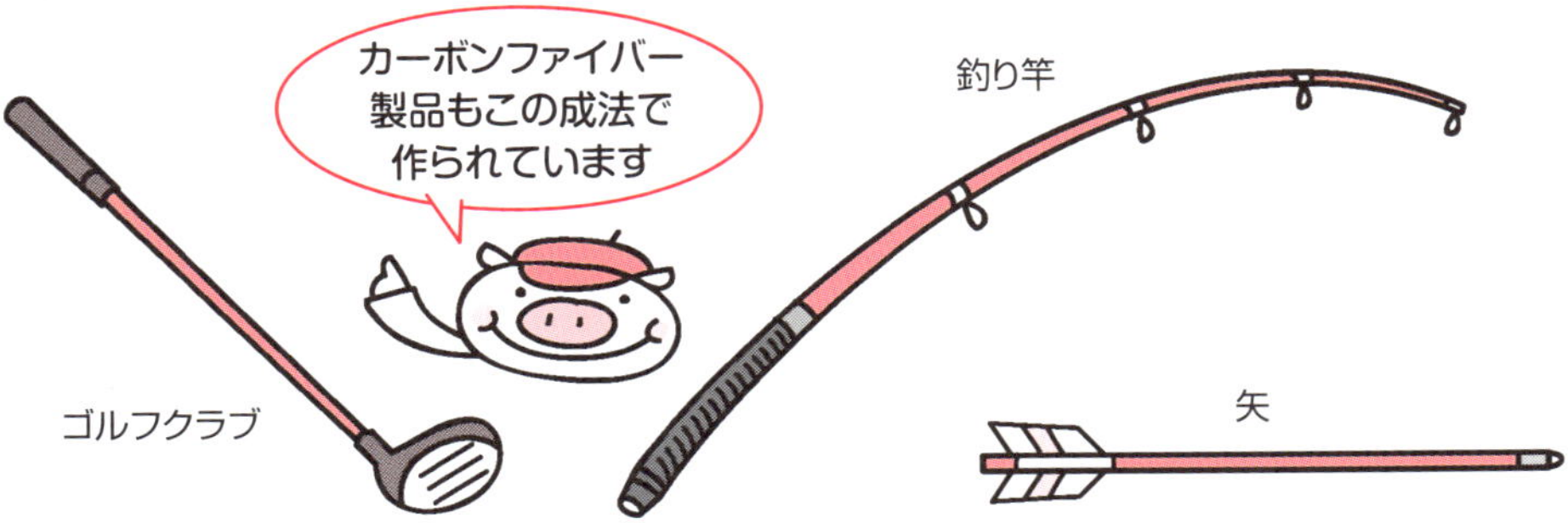

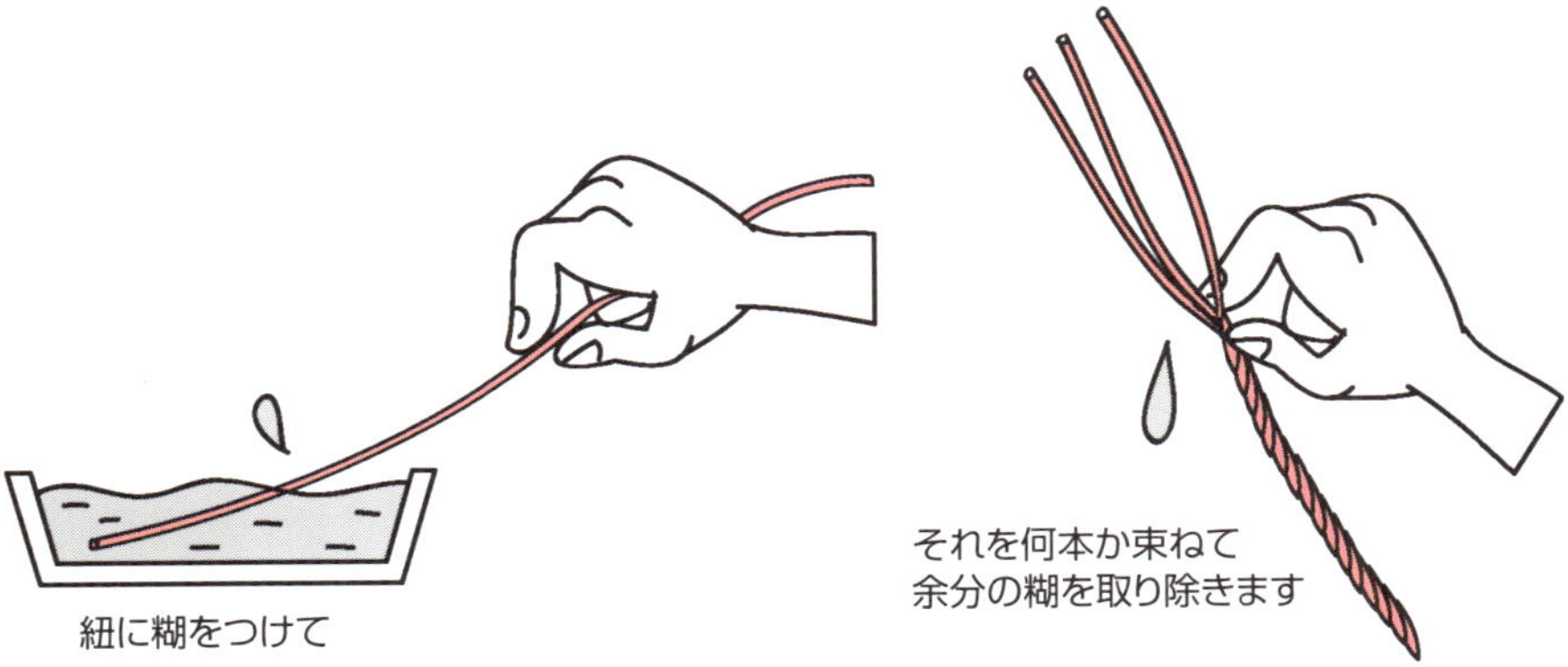

それを何本か束ねて
余分の糊を取り除きます
紐に糊をつけて

これと同じことが引き抜き成形で行われています。

50 カレンダー成形ほか

押出し成形とは別のシート成形方法

シートの成形方法については、押出し成形のところで説明しましたが、そのほかにもよく使われている方法として、カレンダー成形があります。押出し成形のところでも、「混練（練ること）」が重要だと説明しましたが、カレンダー成形も練りが重要なのです。今では、洗濯機で洗ったものを遠心脱水方式で脱水していますが、昔は二つのロールの間に洗濯物を挟んで絞っていました。この原理と、そば粉を練るときの「めん棒」を使って延ばす原理を使うのが、カレンダー成形なのです。加熱したロール二本の間にプラスチックやゴムなどを入れて、ロールを回転していくと、その隙間に入っていくときに、強く圧延されて練られていきます。このロールを二本以上並べて延ばしていき、シートを作ります。シートを挟むロールに模様をつけると、シートにその模様が転写されて、デザイン面を持ったシートができます。これらのシートは、真空成形などの熱成形用の材料としても使われるのです。

では、なぜ、このように同じもの（たとえば、ここではシート）を作る方法に、いろいろあるのかといいますと、「経済性」です。簡単にいうと、要求されている品質のものが、いくらでできるのか、ということなのです。

身近なものでは、カップ麺のケースは、PSPの発泡スチロールで作られていたり、紙で作られていたりします。同じ発泡スチロールでも、海外では、EPSで作られているカップ麺の容器も見られます。

マネキン人形も、熱成形で作られていたり、回転成形で作られたり……いろいろです。回転成形でなくても、真空成形では半割りですが、両側を作ってくっつけることもできます。しかし、手間がかかります。ブロー成形も使えるかも知れませんが、金型費や機械も高くなります。

半割りでよければ、技術的には、射出成形でも可能です。しかし、ブロー成形より、もっと高くなってしまいます。

要点BOX
●押出し成形でない、カレンダー式シート成形方法
●各種成形方法は、目的（製品）を達成するための手段

カレンダー成形のしくみ

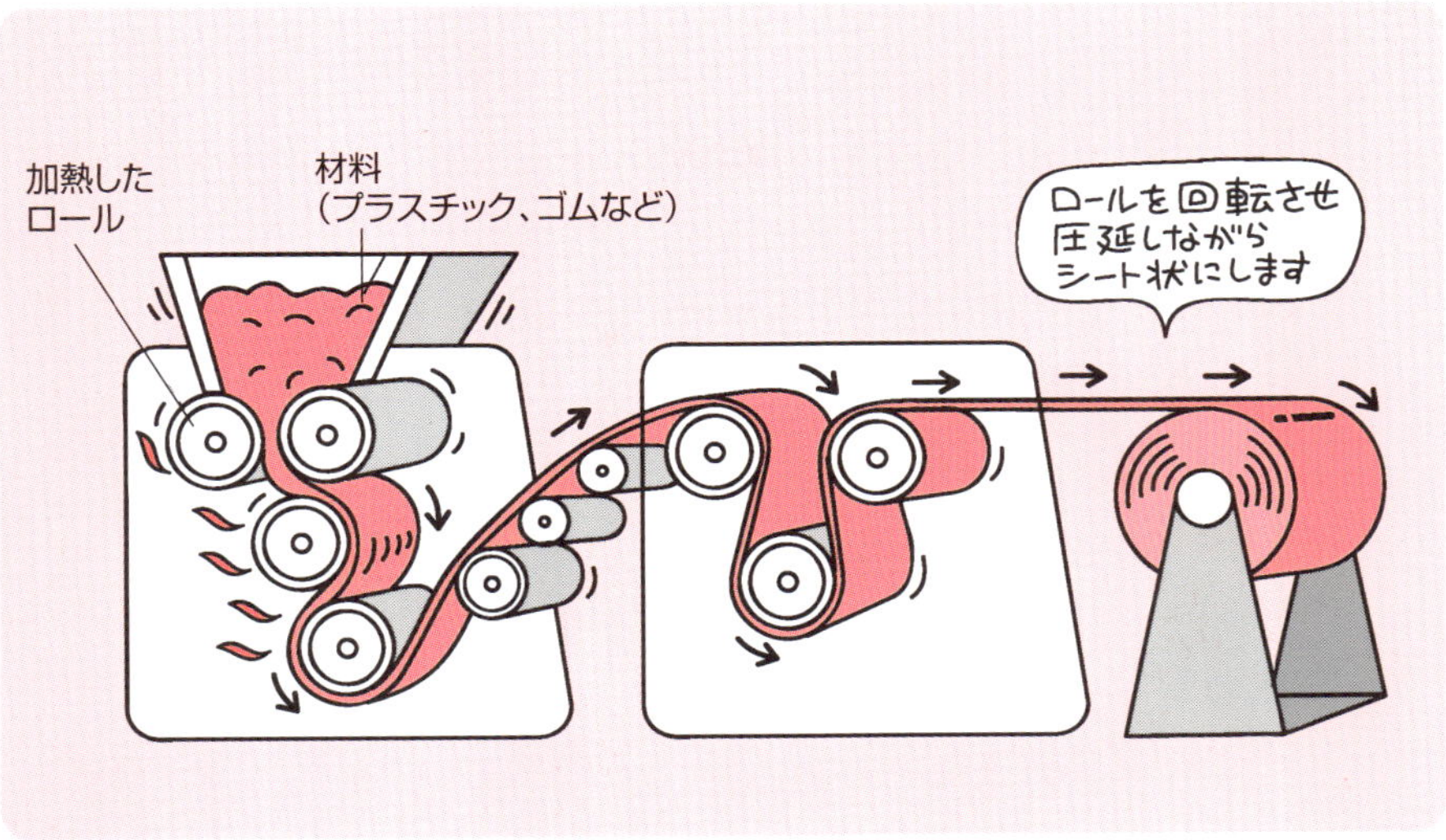

加熱した
ロール
材料
（プラスチック、ゴムなど）
ロールを回転させ
圧延しながら
シート状にします

そば打ちと
同じ原理です
SOBA

レバーを回して
2本のロールで
狭んで絞ります

昔の洗濯機

タイ、インドなどで
見かけます

さとうきびを絞ってジュースを作る。手動絞り器も昔の洗濯機のロールと同じ原理です。

経済性と成形方法

　プラスチック成形の主流は射出成形、押出し成形、ブロー成形ですが、その主な理由は量産性です。一日に何百、何千個と作るのであれば、機械も金型も高価なものであっても、そのコストは数で割り勘になるのですが、生産数量が少ないと、あまり費用をかけるわけにもいきません。そこで、それ以外の成形方法が採用されるのです。

　たとえば、マネキンを回転成形、熱成形、ブロー成形、射出成形で作る場合、技術的にはいろいろな成形方法の採用が可能でしょうが、採用されるには経済性が深くかかわっています。

　小型船舶は、射出成形やブロー成形、真空成形などでは製造できません。それほど数量が出ないので、もし技術的に可能だとしても、かえって高くついてしまいます。技術的には、型締め力が一万トンくらいあれば、小型のモーターボートくらいは、ガラス繊維入りのプラスチックを使って、射出成形で形を作ることもできるかも知れません。モーターボートではありませんが、自動車は生産数量が多いので可能かも知れません。実際に、アメリカでは、プラスチック・カーのボディを成形する射出成形機と金型も作られたことさえあります。

　プラスチック成形には、いろいろな成形法がありますが、それらは、目的とする製品を作るための手段なのです。目的（製品）を達成するためには、どの手段が最も効率的であるかを検討して、その手段を決定することになります。ですから、目的の販売予測数量を見誤ると、大変なことになります。

　最近では、3Dプリンターが安く購入できるようになり、同じ形のものを何個も作ることができるようになってきています。射出成形やブロー成形のように生産性はよくはありませんが、形状の自由度は優れたものがあります。3Dプリンターで拳銃なども作られて、ネット上で流されたこともあり脚光を浴びていました。3Dプリンター成形方法は今後のプラスチック成形に変化を起こすかも知れません。

第7章

接着と溶着

51 プラスチックの接着

接着はプラスチック製品の手作業の原点

ここからは、プラスチックを直接成形することではなく、組み合わせて形を作ったり、形に価値をつけていったりすることを見ていきましょう。

プラスチックだけではなく、金属製品や木製製品でも、削ったり、切ったりして作った部品を、ねじで組み立てたり、接着剤で一体化したり……しています。木の場合には、溶接することはありませんが、金属だと溶接されることもあります。ただ、プラスチックも同様の溶接する方法があります。プラスチックの場合には、溶接とはいわず、溶着という言葉が使われています。これについては、いろいろな方法があるので、後ほど詳しく説明します。

ねじ止めすることは、金属でも、木製品でも、プラスチックでも同様です。プラスチックも同様に接着することができますが、プラスチックの材料によっては、細工をしないと接着しないものがあります。皆さんも、プラスチックのおもちゃや雑貨品が壊れたときに、瞬間接着剤を使っても接着できなかった経験があると思います。ポリエチレンやポリプロピレンなどが、そのプラスチックです。これらがなぜ普通の接着剤でくっつかないかというと、その高分子の分子構造に関係しているのですが、難しい説明だとわかりにくいと思うので、テフロン加工されたフライパンを思い浮かべてください。テフロン加工されたフライパンに水を入れても、はじいてしまいます。接着剤も同様です。ポリエチレンやポリプロピレンにも似たような性質があると思ってください。

接着するということは、相手と強く結びつくことですが、はじかれると結びつけません。この度合を、濡れ性といいます。分子の構造からいうと、電気的につるつるとしているので、相手（たとえば接着剤）が接着しようにも、くっついてくれないのです。これをくっつくようにするには、ちょっと特別な処理が必要になってきます。

要点BOX

- ●接着には、濡れ性が重要
- ●ポリエチレン、ポリプロピレンなどは難しい

濡れ理論

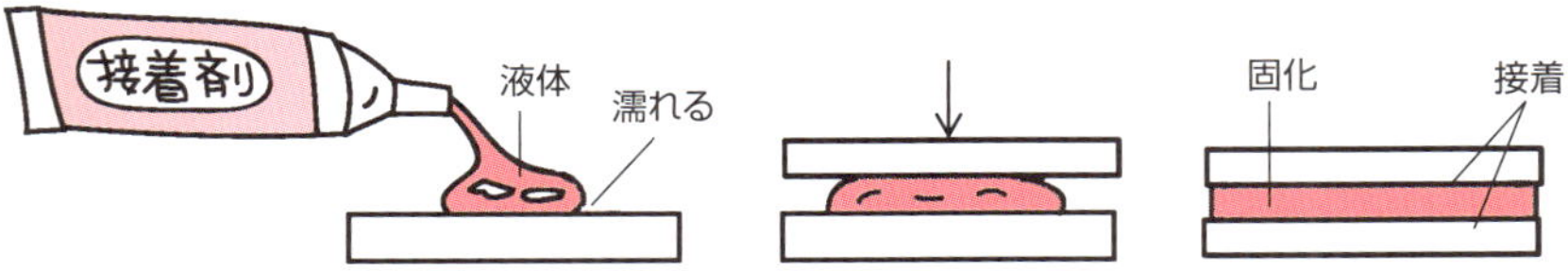

(注)接着剤の厚さは大げさに描いています。

接着剤が効果を出すためには

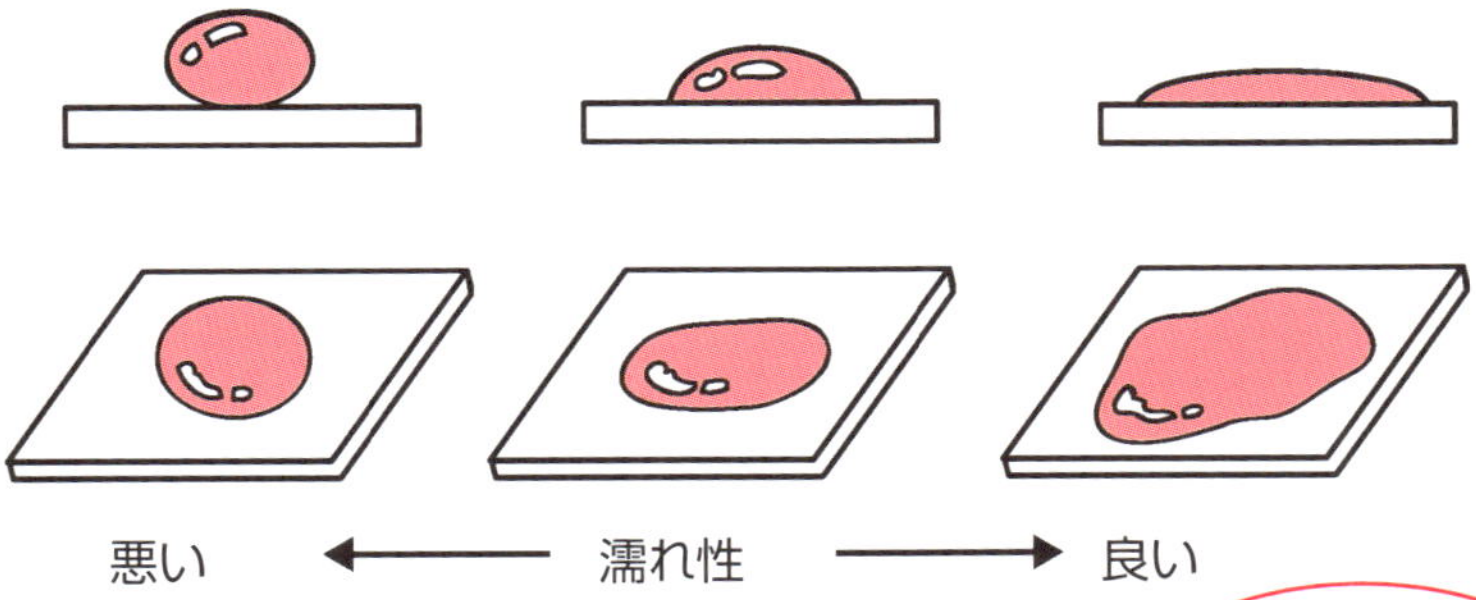

52 接着剤

くっつける相手との相性がとても大事

接着剤にはいろいろな種類があります。昔は、ごはん粒をつぶして紙をくっつけたりしていました。くっつけたあとに、ごはん粒から水分が蒸発して、ごはんに含まれているでんぷんが固まって接着剤の役目をしたものです。それほど強い接着力はありません。

接着剤にも、糊のようにひとつの液体（一液型）の場合と、二つの液体を混ぜて使うもの（二液型）があります。二液型は、エポキシ型や不飽和ポリエステル型などがありますが、これらは熱硬化性プラスチックです。樹脂が反応して高分子となってくっつき合うことを利用しています。瞬間接着剤の中には、空気中の水分と化学反応して接着剤の役目をするものもありますが、これも化学反応で分子がくっついているのです。

ポリエチレンやポリプロピレンは表面が電気的につるつるしているといいました。これは電気的な偏りがないことを意味しています。それでは相手（接着剤）を引き付けることができないので、接着は非常に難しいのでした。しかし、現実には、ポリプロピレンの接着剤も市販されています。これは接着剤を塗る前に、ポリプロピレンの表面を一度処理して対処しているのです。

液体を使う場合には、実際には、ポリプロピレンに含まれた他の物質の処理をしているようです。その他には、表面に電気的な偏りを持たせた状態で、接着剤を塗って接着します。これを表面を活性化するといいます。何も反応しない状態から反応する状態にするのです。

活性化させるためには、表面に強いエネルギーを与える方法もあります。表面を強い火で加熱（火炎処理）したり、プラズマを照射（プラズマ処理）したりする方法です。火炎処理といっても、本体を溶かしてしまうと意味がないので、表面だけに非常に強い火を短時間当てて、表面の分子に電子を与えて帯電させます。自動車部品の塗装も接着と同じ原理なので、これらの方法が使われています。

要点BOX

●接着相性改善のための表面処理
●ポリエチレン、ポリプロピレンの表面処理

接着剤の種類と接着の方法

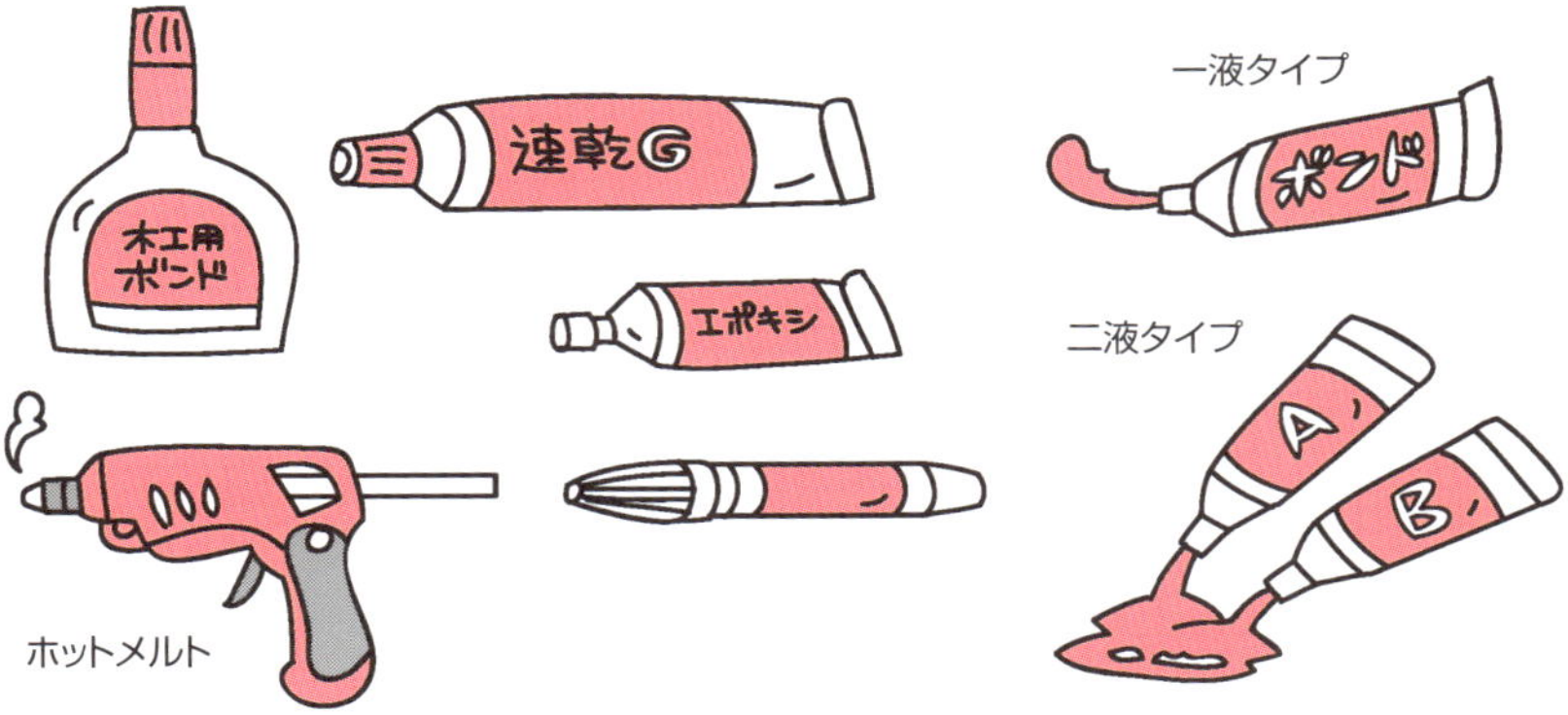

ポリエチレン、ポリプロピレンの表面処理方法のいろいろ

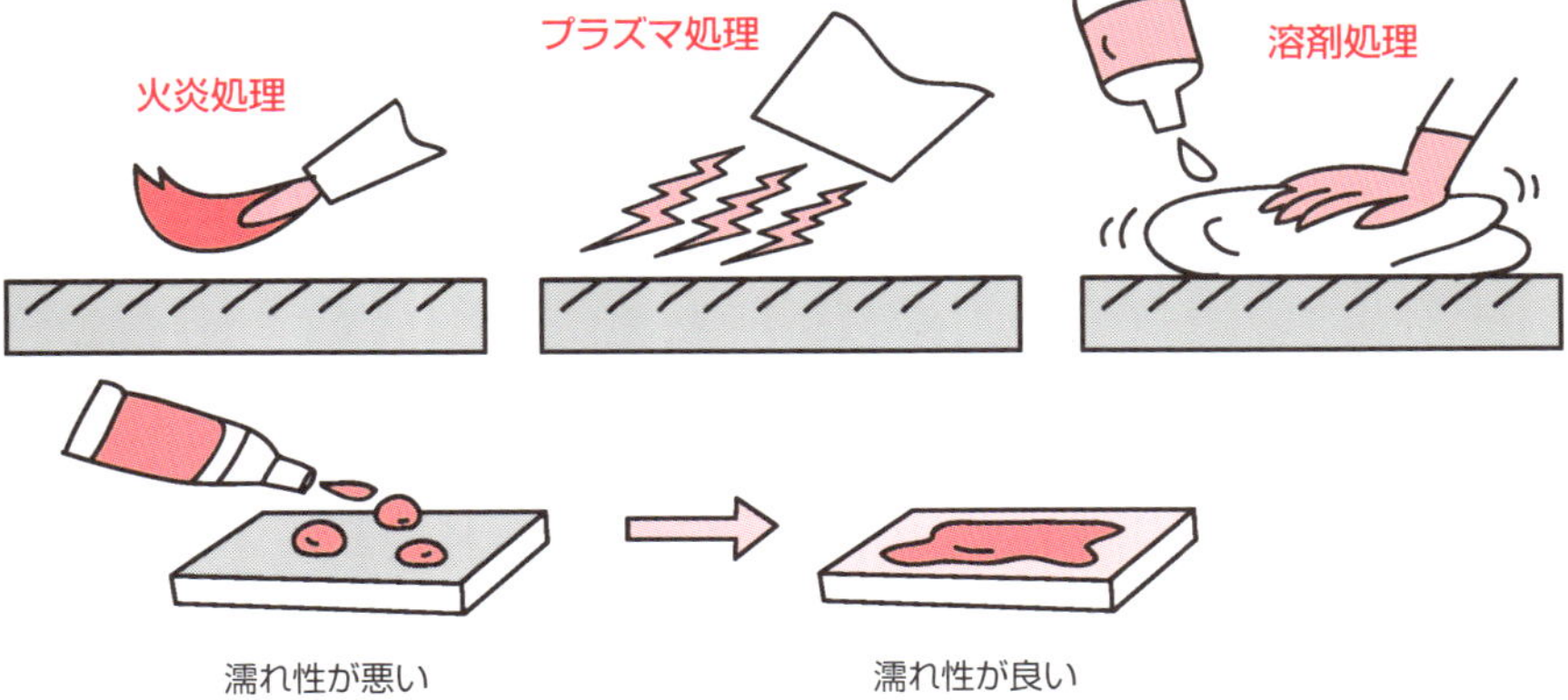

接着剤の一般処理

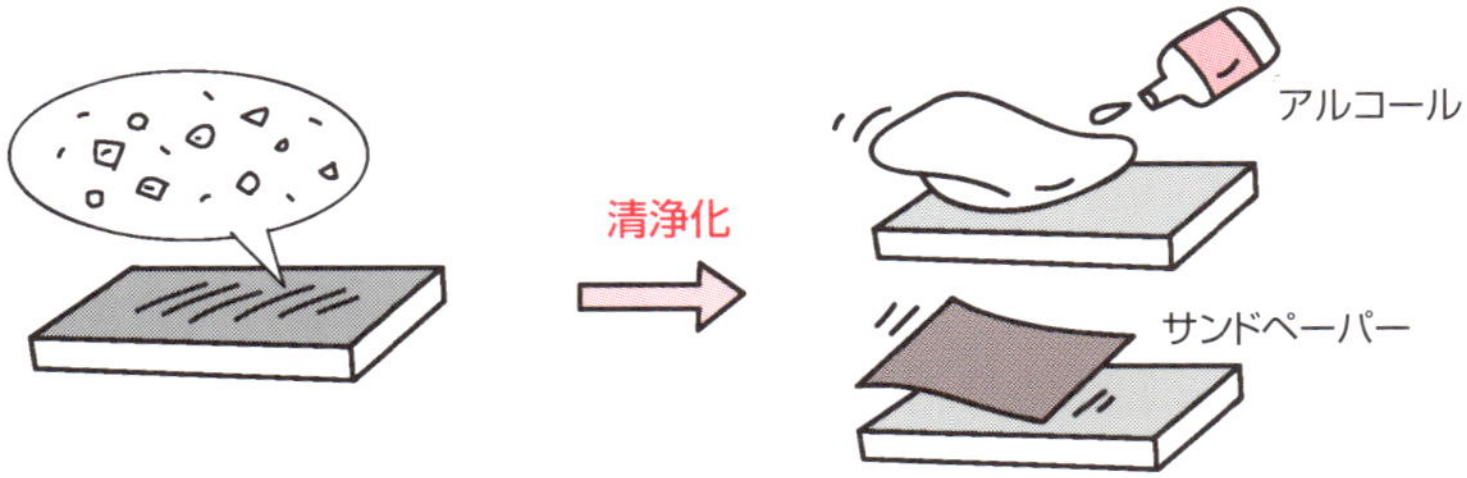

53 機械的な溶着

熱を加えたり、摩擦発熱を利用

プラスチックの簡単な溶着方法としては、金属の溶接と同じような、溶接棒を使った溶接が考えられるでしょう。ハンダをハンダごてで溶かして、電線を電気回路に取り付けたりするのと同じです。実際に、これと同じように、プラスチックの棒を溶接棒のようにして、これを溶かして溶着する方法もあります。この場合、溶接棒とプラスチックの接着の相性を考えておく必要があります。

ホットメルトといって、ポリエチレンなどのプラスチックを溶かして、先に穴の開いた針先のようなところから押し出してくっつける方法があります。プラスチック同士のくっつけようという箇所を溶かしてつける方法もありますが、これは溶かさなければならないので、熱可塑性プラスチックに限定されます。

溶かす方法としては、熱風を表面に当てて溶かす方法（熱風溶着）や、熱く熱した熱板をプラスチック表面に近づけて（非接触で）熱したり、直接接触させて熱したりして溶かすやり方（熱板溶着）もあります。あるいは、石器時代に木をこすり合わせて火を起こしていた方法と同じように、摩擦発熱で溶着する方法もあります。

この摩擦発熱で火を起こすときには、なるべく速く動かす必要があります。そのために、木の棒に紐を巻きつけて回転させるのを見たことがあると思います。このように回転させる代わりに、左右に振動させる方法を使います。溶着しようとするプラスチック同士を接触させて押し付け、これに振動を加えます。その振動が機械的にお互いを摩擦し合うことで発熱して、その発熱でプラスチックが溶けてくっつくのです。

機械的に振動するので、振動音が発生します。その振動の方向には、左右に振動する場合と、回転方向に振動してコップ同士をくっつける場合などがあります。車のインパネの裏側のエアダクトや、エアバッグなどをインパネと溶着するなどにも利用されています。

要点BOX
●原始的な溶着方法
●自動車部品の溶着にも多く使用

熱板溶着

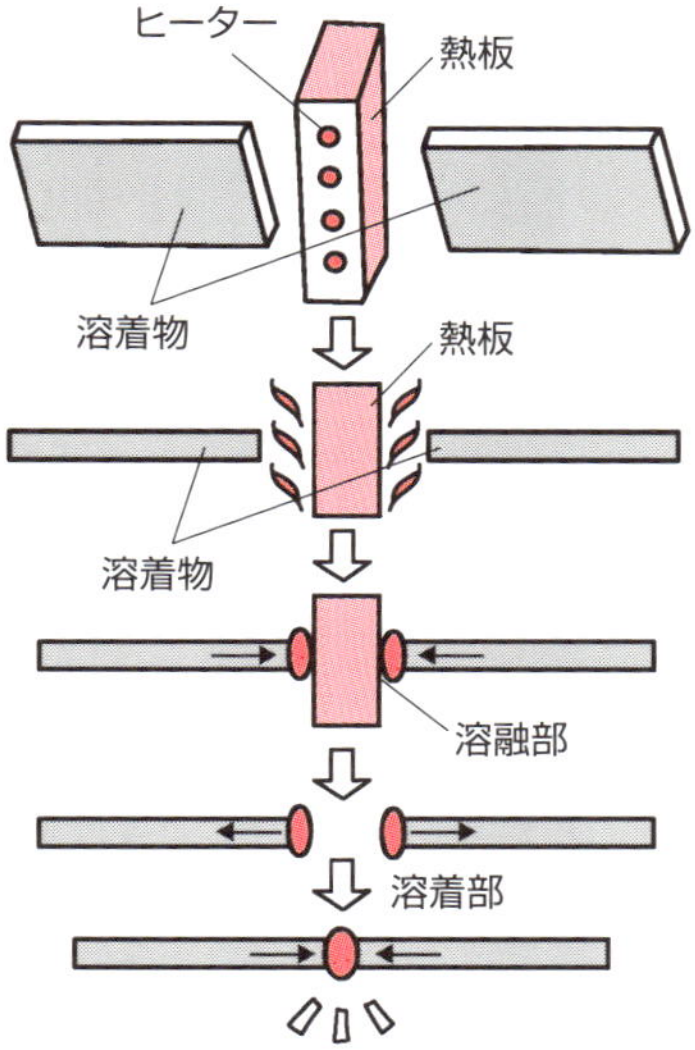

熱した熱板に、溶着する対象物を接触させて部分的に溶融した後、対象物同士を接触させて押し付けることで溶着する方法。熱板に接触させない非接触方法もあります。

熱風溶着

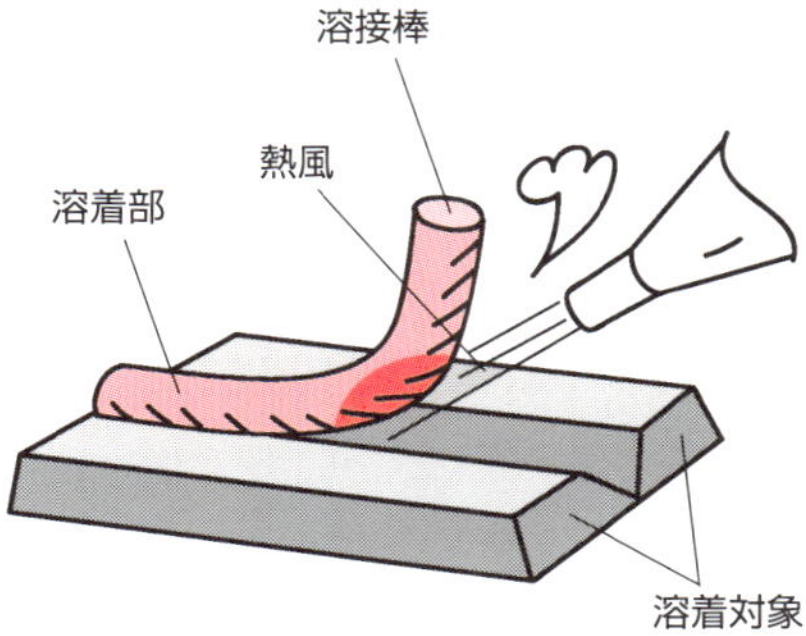

ノズルから熱風を吹き付けて、溶接棒を溶かして溶着する方法。溶接棒を使わずに、熱板溶着の非接触式のように使う方法もあります。

振動溶着機

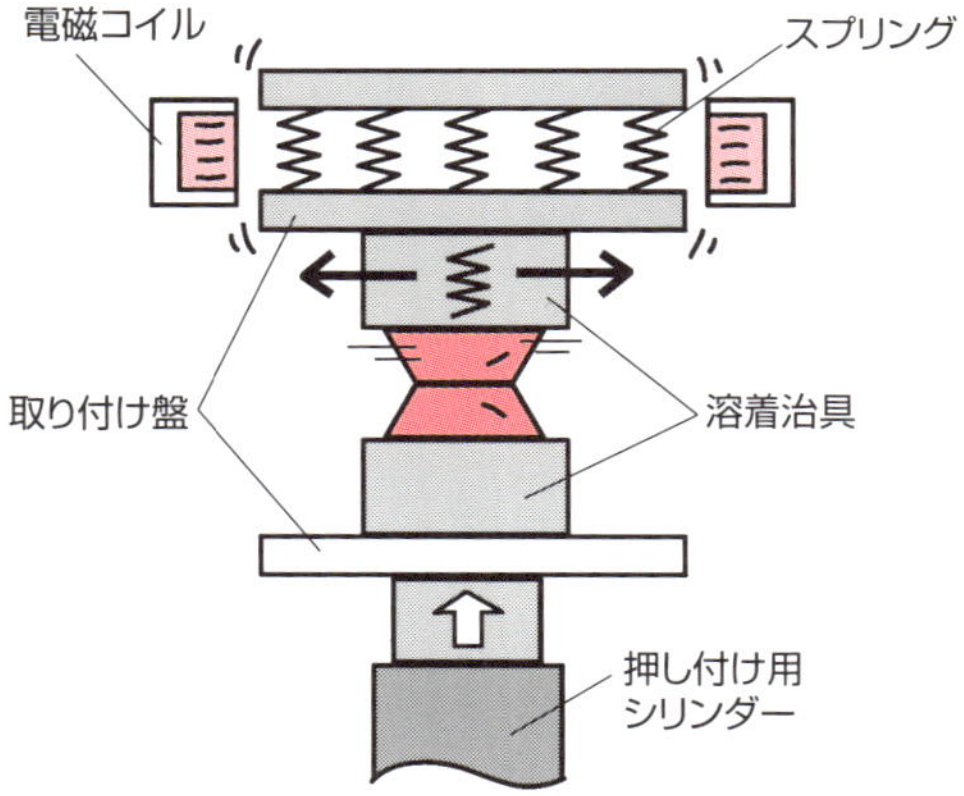

120Hz、240Hzの横振動を与え、摩擦熱で製品表面を溶融させて押し付けて溶着する方法。振幅は0.5mm程度から数mm程度。

スピン溶着

製品の面同士を合わせて、押さえ合わせながらスピンをかけて、接触面を摩擦熱で溶融して溶着する方法。

54 その他の溶着

材料自体の発熱を利用する方法

熱板溶着は熱エネルギーであり、振動溶着も振動エネルギーを熱エネルギーに変換しているので、エネルギーを使って溶着していることには違いはないのですが、これら機械的エネルギーとはちょっと違う溶着として分類しました。

まずは超音波溶着です。超音波というのは、一時期は人間の耳に聞こえない高周波の音と定義されていたこともありましたが、現在は人間が聞くことを目的としない音波として定義されています。振動溶着は振動を、超音波溶着も超音波の振動を利用します。振動溶着と違う点は、振動の周波数が全く異なることと、振動の方向が摩擦を起こす方向ではなく、プラスチック自体にエネルギーを発生させるため縦方向です。プラスチックに接する先端にホーンと呼ばれる超音波を対象物に集中させる道具を取り付けて、それでプラスチック自体を発熱させます。キーンという甲高い音とともに、相手を発熱させて、ボスなどの部分を溶着します。プラスチックをねじ止めで固定する代わりに、ボスを溶かしてかしめるなどにも使用されます。同じような振動を使う方法として、高周波溶着という方法もあります。これは電気的にプラスとマイナスを交互に入れ替えて振動させる方法です。プラスチックの中には、分子レベルで電気的にプラスとマイナスに分かれているものがあり、これに外部から交互の電界（電気的にプラスとマイナスの状態）を高い周波数でかけると、内部の分子が振動して、内部で摩擦発熱を起こします。この内部発熱によってプラスチックを溶融させて、溶着する方法です。この高周波溶着に使われるプラスチックとしては、現在塩化ビニルがほとんどです。この溶着方法を使うと、ビーチボールや浮き袋、プールなどが簡単に作ることができるので、これらのほとんどは塩化ビニル製なのです。その他には、レーザーを吸収するプラスチックを、レーザーで溶かして溶着する方法もあります。

要点BOX
- ●材料自体を内部から発熱させる溶着方法
- ●超音波、レーザー、高周波加熱

超音波溶着機

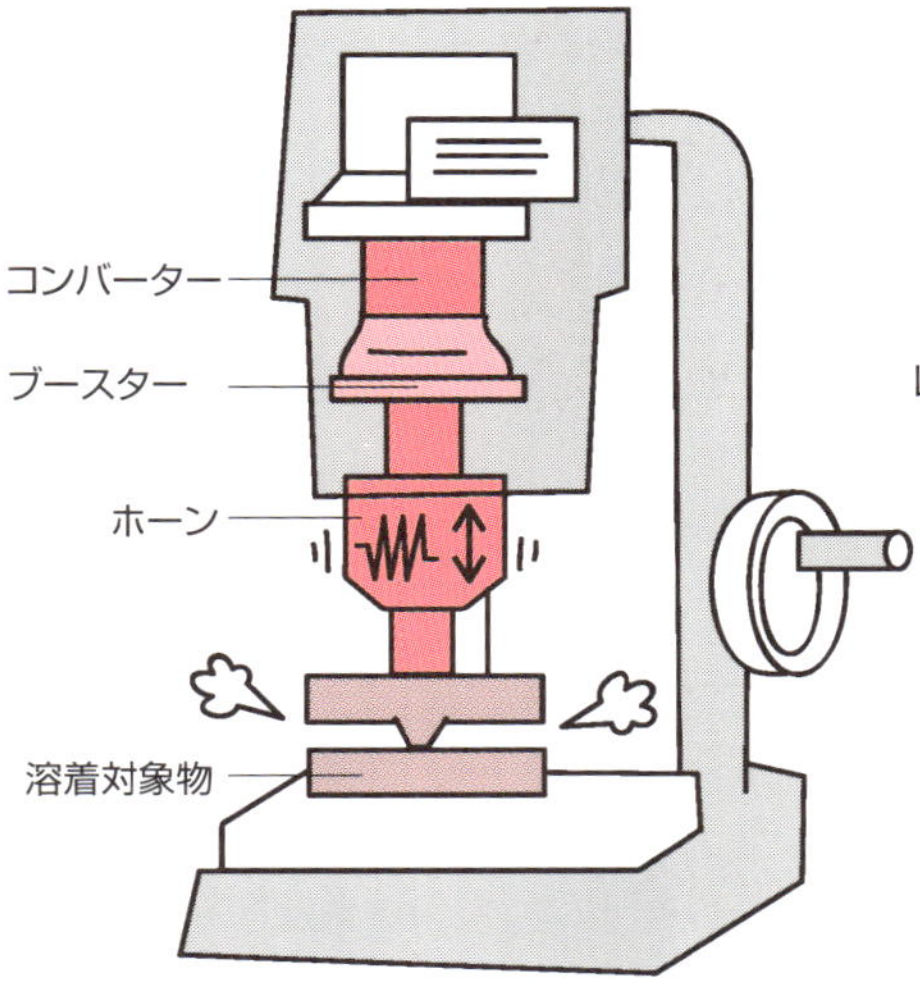

超音波20KHzから40KHzの超音波振動をコンバーター、ブースター、ホーンを通じて振幅を増加させて、溶着対象物接触部を溶融させて溶着する。短時間での溶着が可能。振動方向は上下。

レーザー溶着

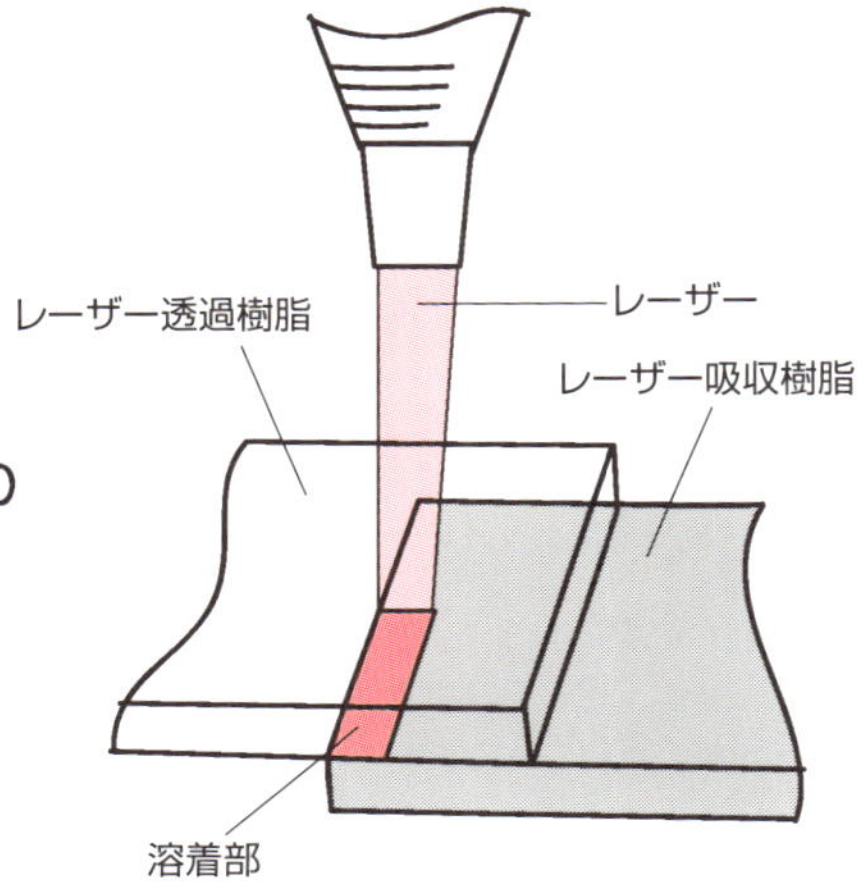

レーザー光をレーザー透過樹脂を透過させて照射し、レーザー吸収樹脂側を溶融させて両者を溶着する方法。

夏に遊ぶ浮き輪やビニールでできたプール、ボートなどは、塩化ビニルが高周波溶着で溶着されます。

高周波溶着

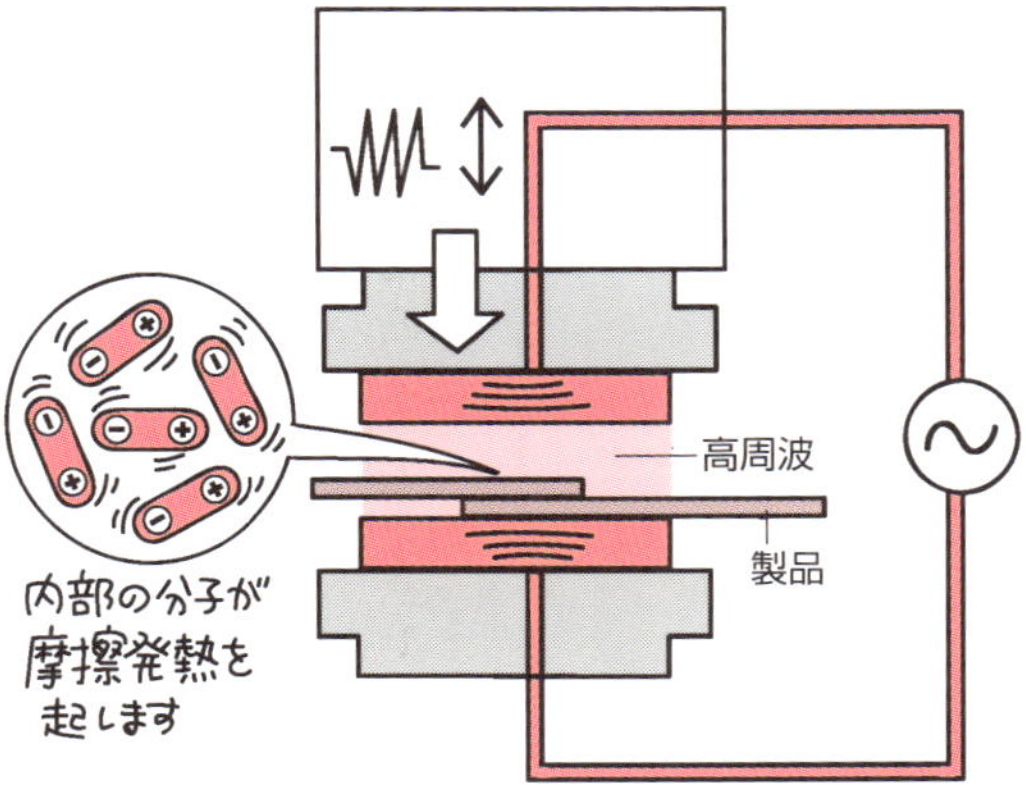

外部から電界を高周波で交番させて、分極した材料を発熱させることで溶着する方法。PVC（塩化ビニル）の溶着に主流として使われます。

Column

接着や溶着は分子レベルで考える

　日常何気なく、のりや接着剤を使っていますが、ものをくっつけるということは、本来結構難しいことなのです。剥がせるメモ用紙や、ファスナーのように、簡単に剥がすことのできる「弱くくっつく」ことが要求されることもありますが、本当にくっつけるということは分子レベルまで考える必要があります。分子レベルといっても、いろいろなものがあるのですが、接着は、分子間のファン・デル・ワールス力という引力のような力によっていると考えられています。

　接着部をずっと拡大して、分子のレベルまで拡大すると、分子のレベルで手をつないでいなければ、本当に強く接着したことにはなりません。

　皆さんも、プラスチック製品で壊れたものを接着剤で修理しようとしたことはありませんか？　とくに、安価な製品だと、ポリエチレンやポリプロピレンが使われていることが多いのですが、これらはそのままでは、いくら接着剤を使ってもくっつきません。ポリプロピレンを接着できる接着剤を発明したら、ノーベル賞ものだ……という人もいたくらいなのです。今では、ポリプロピレンの接着も、専用の二液接着剤が市販されていますが、これらを使ってもくっつかなくて、いらいらした人もいるのではないでしょうか。これも、分子レベルでの理由があるのです。

　目に見えない分子で、身近には感じないかも知れませんが、身近なところで活躍しているのです。

　接着にも、いろいろな方法がありましたが、溶着によって何でもくっつけられるかというとそうでもありません。

　たとえば、ポリエチレンは150℃くらいでも溶けますが、66ナイロンは、270℃くらいでないと溶けません。温度のコントロールも必要ですが、材料同士の相性も大切になります。ものをくっつけるということにも、いろいろな深い原理があるものなのです。

第8章

加飾

55 プラスチックの塗装と印刷

加飾にも、さまざまな種類がある

機械や車、家電製品、パソコンなどの内部に使用されているプラスチックは人の目に触れないので、見た目のデザインや色などはあまり気にならないでしょう。しかし、人の目に触れる場所やスイッチなど、表示や文字が必要なものについては、デザインは重要で、色や模様、文字などで加飾されることが多々あります。

このひとつが塗装です。接着のところで少し説明しましたが、塗装するためには、塗料がプラスチックの成形品の表面に接着されなければ、すぐに剥がれてしまいます。接着と同じように、接着に問題のないプラスチックの塗装はそれほど難しくはないのですが、ポリエチレンやポリプロピレンへの塗装は、接着と同じように、表面を活性化する必要があるので、プライマーという事前処理液で表面を活性化させたり、火炎処理やプラズマ処理などで活性化させたりした後に、塗料を塗布します。

その他の加飾として、印刷やめっきがあります。

印刷には、大別して凸版印刷、凹版印刷、孔版印刷、平版印刷があります。凸版印刷は、凸状の版にインクをつけて、それを対象物に印刷する方法です。凹版印刷は、凸状の部分ではなく、逆に凹の部分にインクをつけて(入れて)相手に印刷する方法で、インクの厚さが調整できるので量感があります。グラビアモデルという言葉を聞いたことがあると思います。写真雑誌に載っているモデルさんたちのことですね。これも、グラビア印刷から来ている言葉です。これは凹版印刷の一種です。プラスチックシートへの印刷に使われることもありますが、立体的な成形品にグラビア印刷が使われることは普通ありません。孔版印刷は、メッシュなどの孔を通してインクを対象物に印刷する方法になります。平版印刷は、直接対象物にインクをつけるのではなく、一旦インクをはじく板やロールなどにインクを載せたあと、対象物に転写印刷するものでオフセット印刷とも呼ばれています。

要点BOX
- ●スクリーン印刷は孔版印刷
- ●パッド印刷はオフセット印刷

スクリーン印刷（孔版印刷）

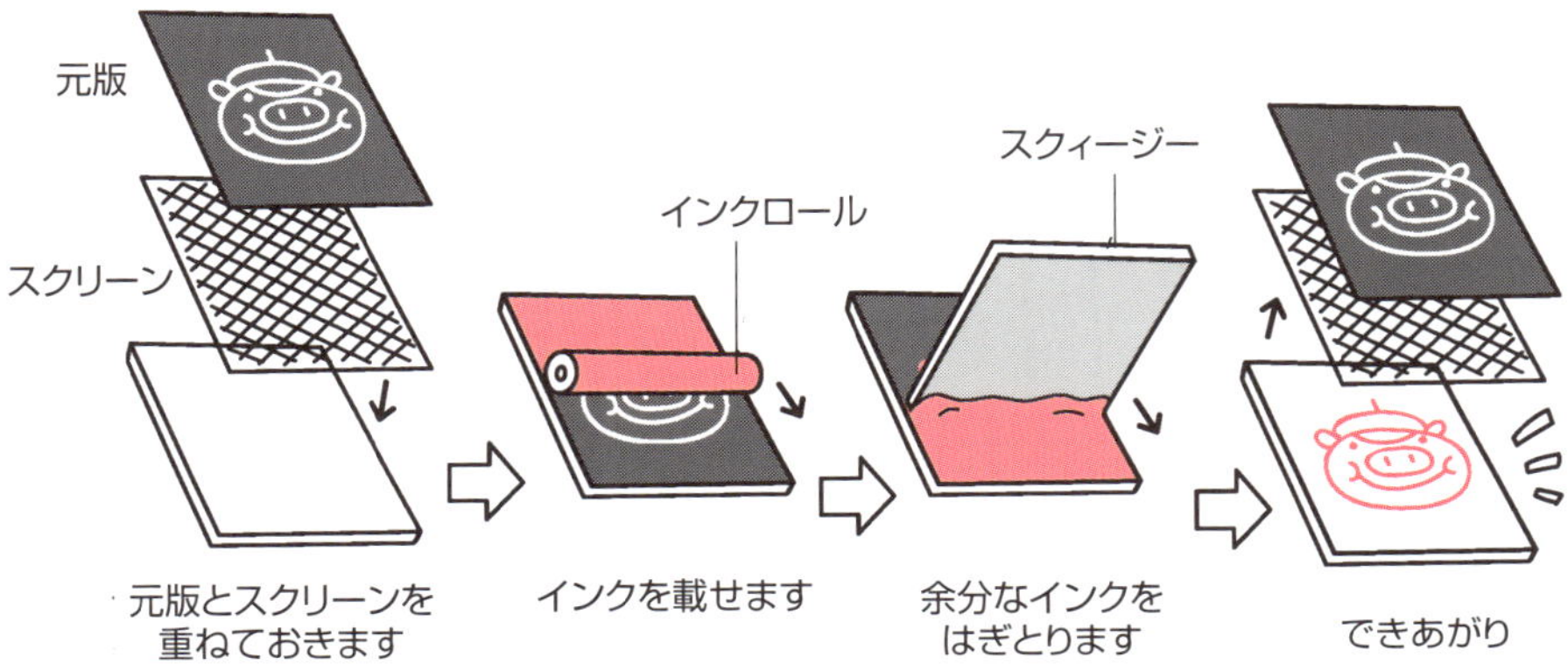
元版
スクリーン
インクロール
スクィージー
元版とスクリーンを
重ねておきます
インクを載せます
余分なインクを
はぎとります
できあがり

パッド印刷（オフセット印刷）

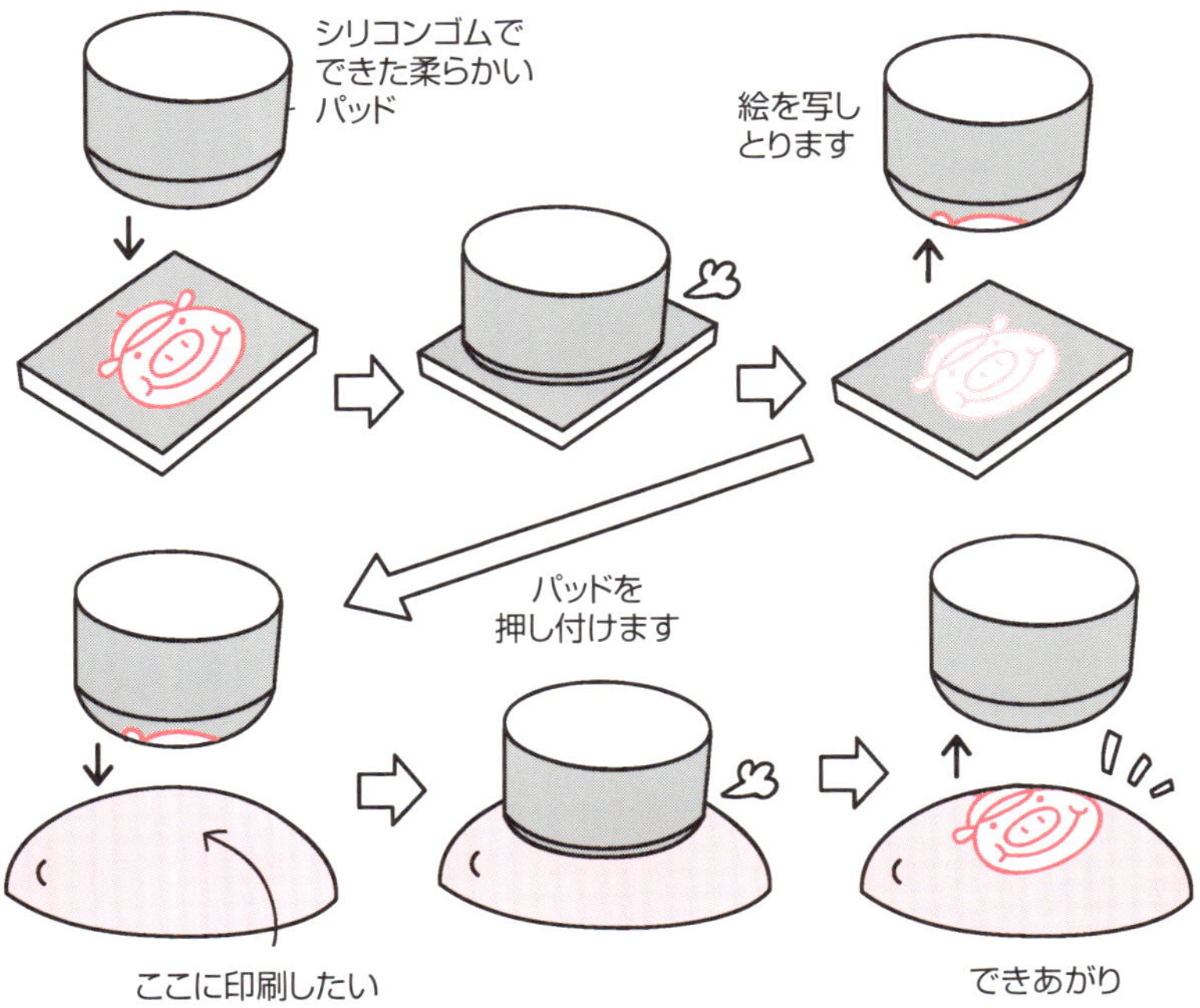
シリコンゴムで
できた柔らかい
パッド
絵を写し
とります
パッドを
押し付けます
ここに印刷したい
できあがり

56 プラスチック製品への印刷

立体形状のプラスチックへの印刷方法

今は年賀状もパソコンで作る時代になりましたが、昔は、小さな網目を持つシートに、インクを通す部分だけに穴をあけて印刷する器具が流行していました。穴が開いた部分はインクを通して、穴の開いていない部分はインクを通しません。スクリーンの役目をするので、この印刷方式をスクリーン印刷と呼びます。昔は、この網目のスクリーンにシルク（絹）が使われていたこともあったので、シルク印刷とも呼ばれます。これは、先に説明した孔版印刷になります。

一方、ロールなどに、一旦、印刷する内容を転写して、そのあとで印刷したい対象に再度転写して印刷する方法が平版印刷です。プラスチックの形状は複雑なものが多いので、平たい版ではなく、シリコンゴムなどできた柔らかいパッドに一旦転写して、それをプラスチックに再度転写する方法のオフセット印刷になります。パッドを使用するので、パッド印刷とも呼ばれます。パッド印刷は、タンポ印刷とも呼ばれることがありますが、タンポというのは、パッド印刷機器のメーカの名前なのです。この2つは55で紹介しました。

シートに描かれている文字や図柄を、アイロンでTシャツに転写して、図柄のTシャツを作る方法があります。これと同じように、フィルムに図柄や文字をつけて、これを印刷したいプラスチックに押し付けます。そして、フィルムの後ろから熱板などで熱をかけて、Tシャツと同じように図柄を転写するものが、熱転写です。

プラスチックの表面は平坦とは限らず、デザインによって湾曲している場合もあるので、この湾曲した形状にぴったりと合わせた形で押し付ける必要があります。色のついたフィルムに、文字や図を掘り込んだ版を熱して、そのフィルムを間に入れ、プラスチックの面に押し付けて印刷する方法も熱転写の一種ですが、これは、ホットスタンプと呼ばれています。

要点BOX
- ●3Dへのホットスタンプ、熱転写
- ●シルク印刷・パッド印刷もよく使われます

印刷方法のいろいろ

ホットスタンプ

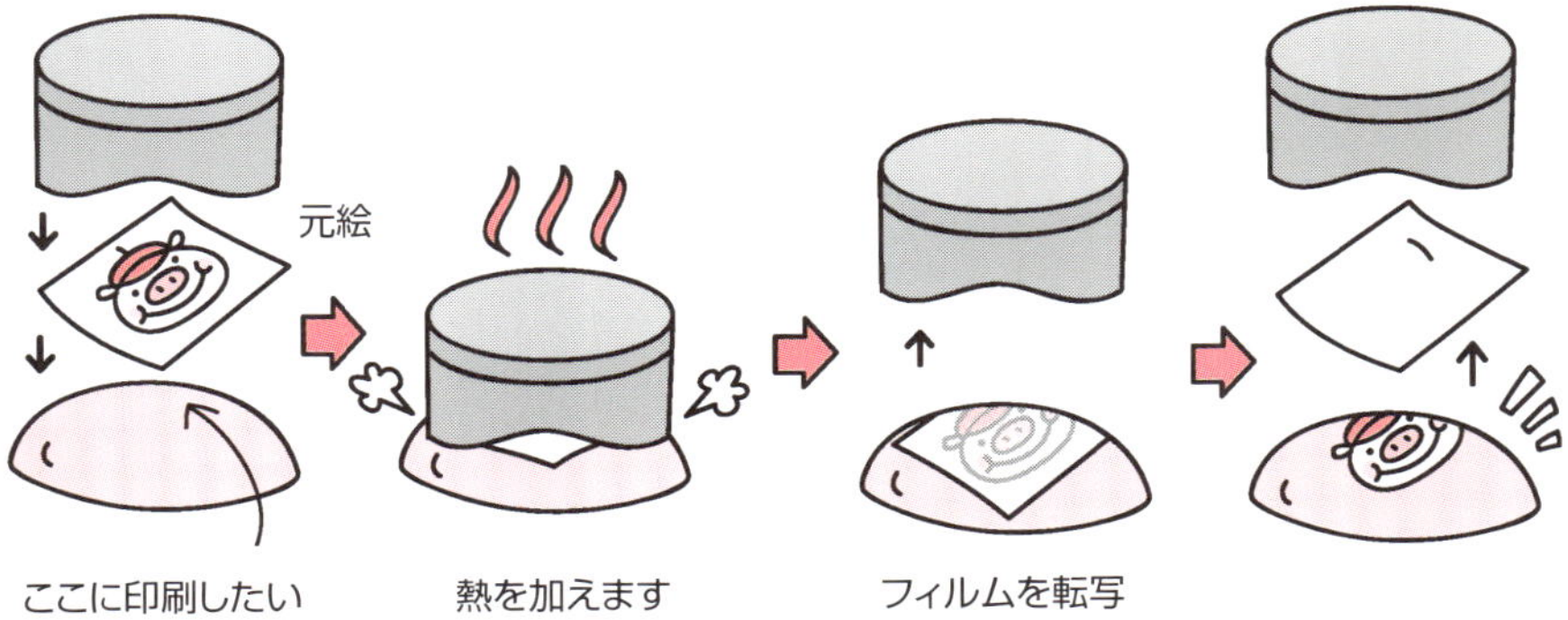

熱転写

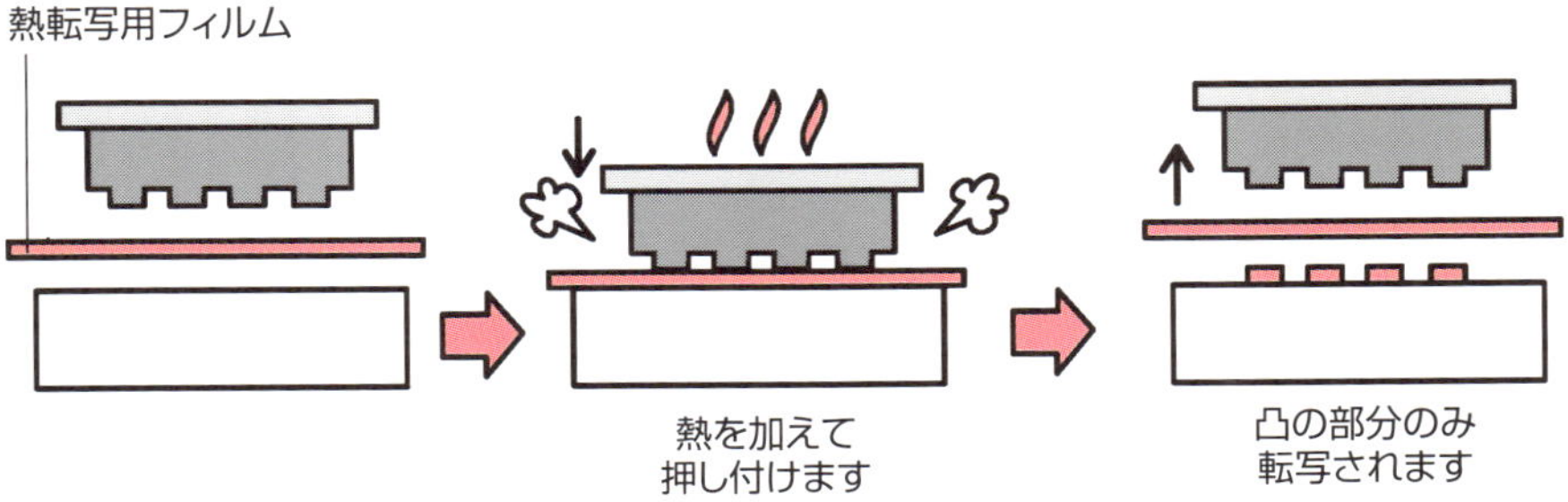

熱転写用フィルム

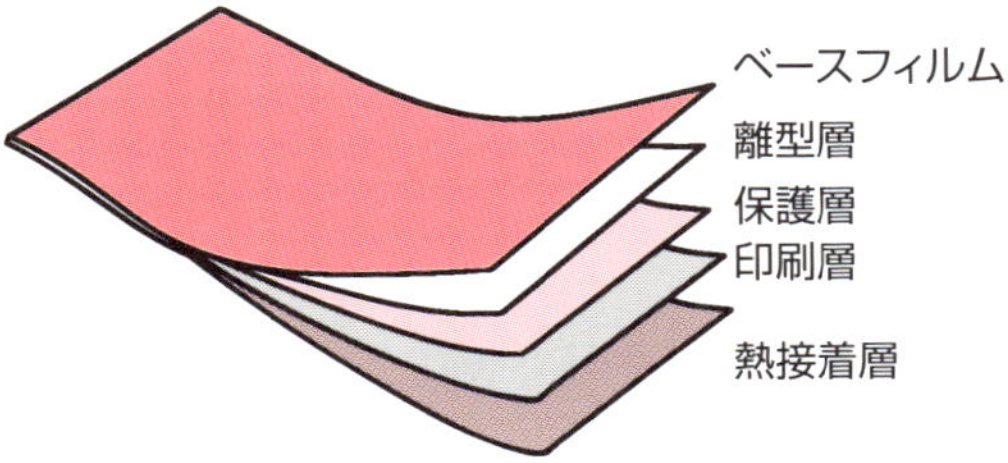

57 特別な加飾

複雑な立体形状への印刷など

複雑な形状でなければ、印刷を施したプラスチックのシートを、射出成形の金型の中に入れて（インサートして）成形すれば、表面に印刷されたシートと一体となって加飾された製品を作ることができます。または、フィルムに印刷された図柄を製品に転写して、取り出した後にフィルムを剥がせば、印刷部分だけが製品に印刷されたように残ります。この方法は、溶けた熱いプラスチック自体を熱転写の道具として使う方法です。

立体的な形状の製品表面の場合には、金型の中で、その製品の形状に沿ってくれるように、このシートやフィルムをあらかじめ真空成形などで、製品形状に作っておけば、多少の三次元形状も印刷は可能です。しかし、複雑な表面形状をしている製品では限度があります。波うっているような複雑な形状のプラスチックの表面に、ひとつひとつ絵や図柄を手で描いていくことは可能ですが、数を多く作る量産には向きません。このように、複雑な三次元的な形状の表面に印刷をすることは、非常に難しいことは想像できると思います。これを実現したのが水圧転写という方法です。ウォーターベッドは、風船のようなものに水が入っていて、体の形にベッドがなじんでくれます。水は自由に変形してくれるので、これを応用するのです。

印刷されたものを水に入れ、印刷されている部分だけを水の上に浮かせます。そしてシートを取り除くと、水の上には印刷された図柄だけが浮いている状態になります。そこに三次元的な複雑な表面形状の印刷する面を水の上から押し付けます。そうすると、先の印刷された図柄が製品の印刷したい面に沿って付着します。全体が印刷するインクが付着した状態となったら引き上げるのです。そうすると、製品の表面には綺麗に印刷が施されるので、これを乾燥させればできあがりです。車の内装部品の木目調の加飾などによく使われる方法です。この水圧転写は、カールフィッシャー方式とも呼ばれています。

要点BOX
- ●成形時に転写する型内印刷
- ●複雑3Dへの水圧転写

型内転写

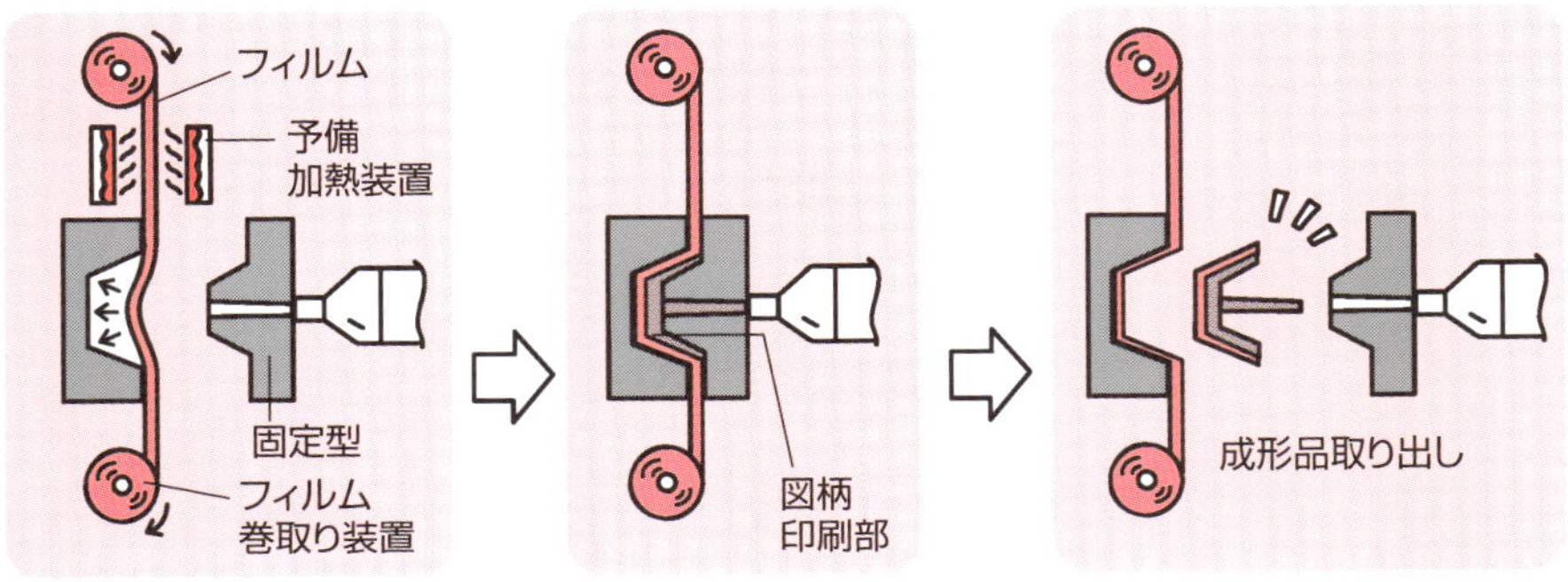

加飾インサート成形

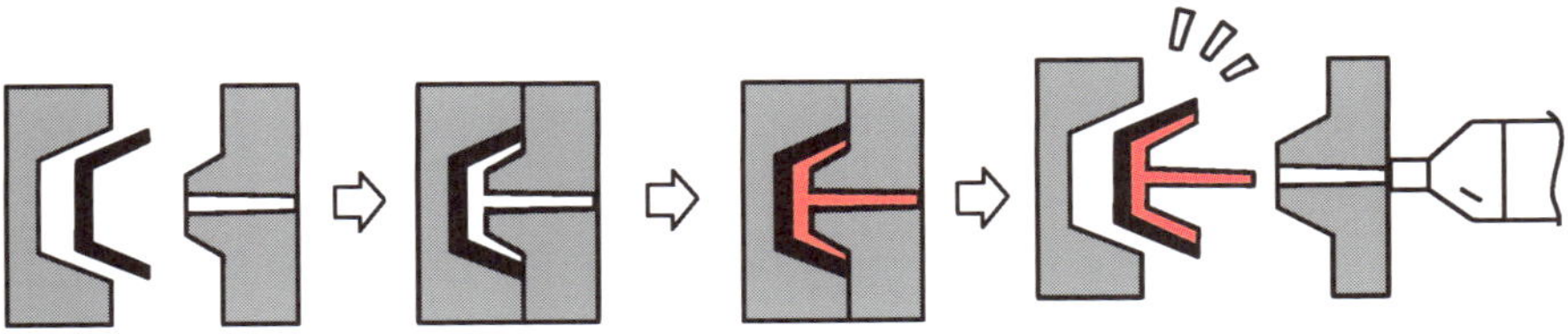

水圧転写

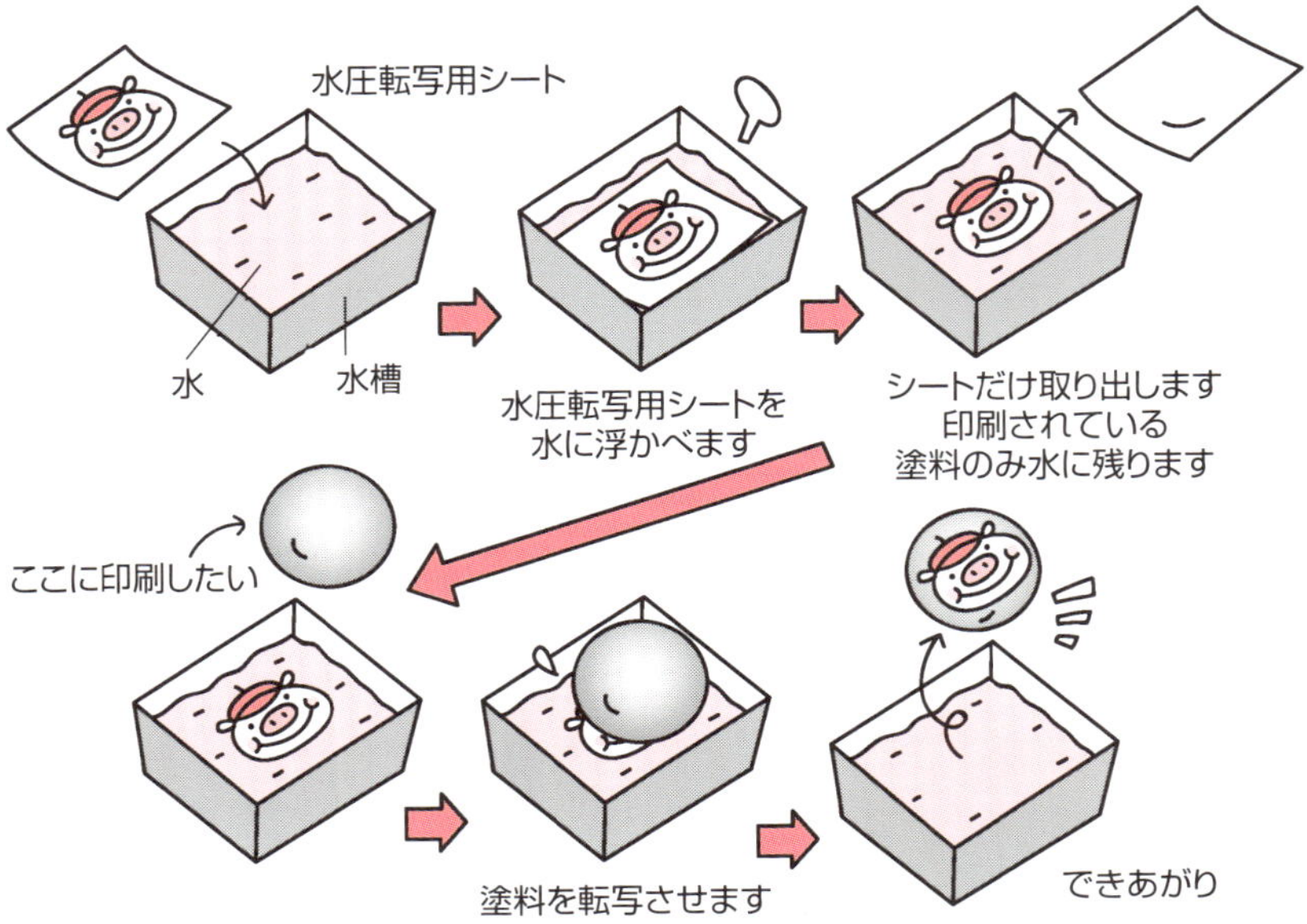

58 文字加工、植毛、シボ

プラスチック製品の表面に付加価値をつける方法

プラスチックの表面に文字や図柄を書き込む方法としては、印刷のほかにレーザーで彫刻する方法があります。よくお土産物で、ガラスのように見えるアクリルの塊の中に、昆虫や動物などが内部に立体的に彫られているものを見かけます。これはレーザーによって彫刻されたものです。

キーボードや車のスイッチなどで、黒色などのボタンの中央に数字やアルファベット、記号などが白く書かれたものがあります。これは、射出成形の二色成形の箇所で説明した方法で作られることもありますが、レーザーエッチングという方法で作られることもあります。白いプラスチック加工品の上に黒色を薄く塗装して、数字や文字、記号などの部分の塗装をレーザーで削り取ります。そうすると、レーザーで削り取られた部分には、下地のプラスチックの色がでてくるので、二色成形したような製品ができます。

皆さんは、車内で短い糸のような毛のようなものが表面についているスウェードのような製品を見たことはないでしょうか？　植毛という加飾法です。加工するプラスチック製品の表面に接着剤を塗って、短いナイロン糸をこの上に吹き付けて塗布する加工法です。このとき、静電気を使って、毛を製品面から立たせることもできます。静電気を使ったかどうかは、植毛の毛が揃って立っているか、ばらばらであるかを見ればわかります。揃って立っていたら、それは静電気を使用して植毛したものです。

プラスチックに、梨地や、細かな筋調（ヘアライン）や、皮革の感触がされることもあります。これは、表面のデザインだけではなく、乱反射によって表面がてかてかと光ることを防ぐためです。梨地はサンドブラストで加工されることもありますが、通常、これらは、金型の表面に腐食を使ったエッチングという方式で模様がつけられています。

要点BOX
- ●表面に塗布する植毛
- ●表面に図柄をつけるシボ
- ●レーザーを利用した二色成形品

その他の加飾のいろいろ

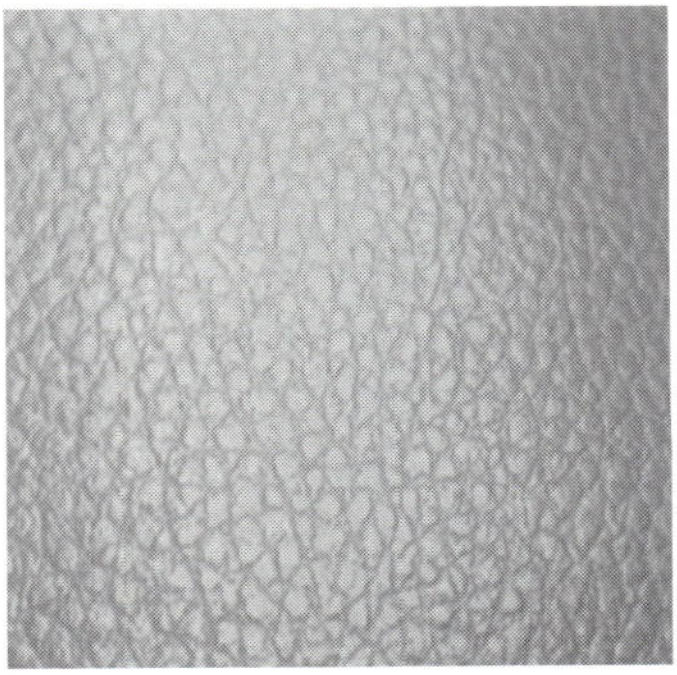

革模様のシボ

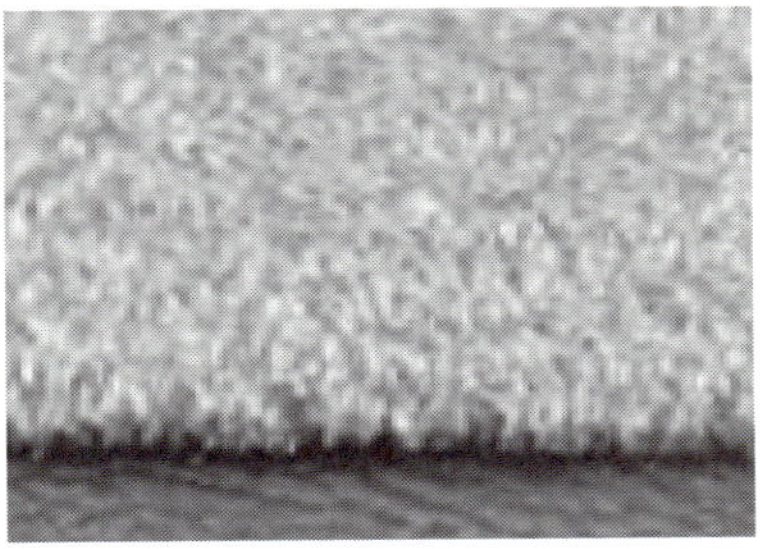

植毛の拡大写真

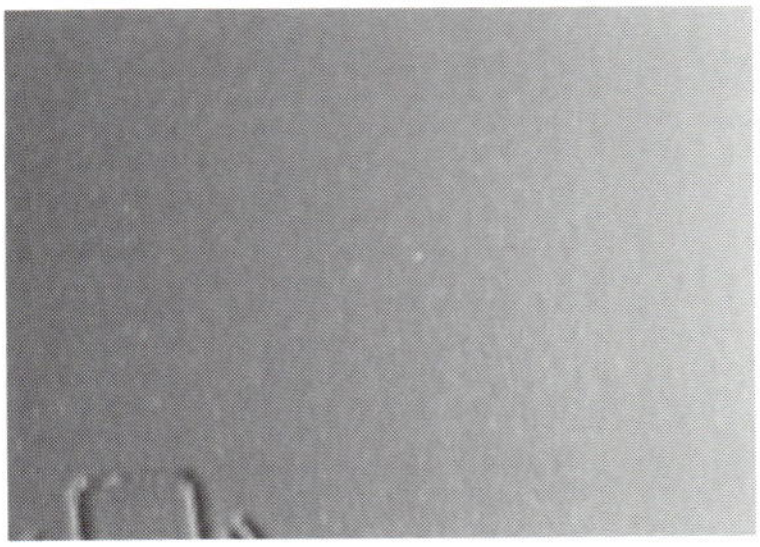

梨地模様のシボ

レーザーエッチング

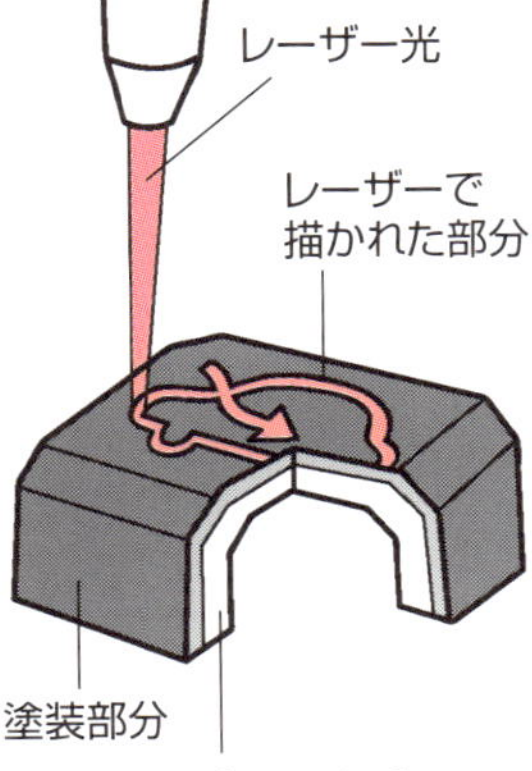

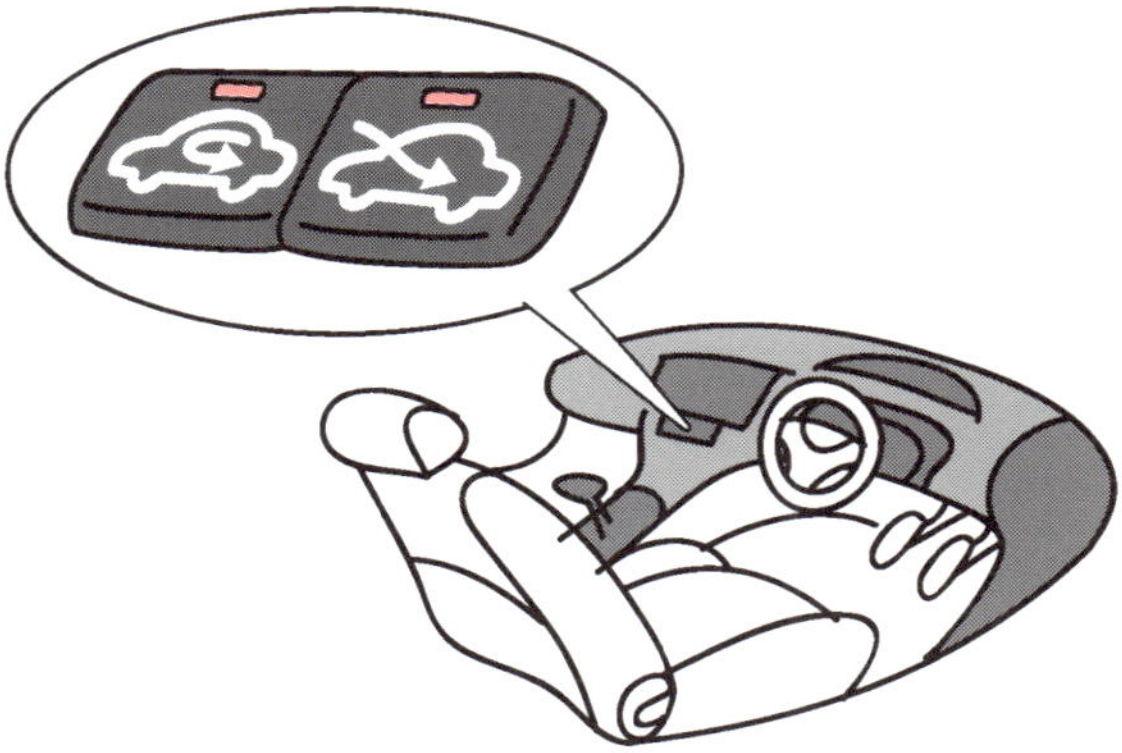

59 プラスチックのめっき

プラスチックを金属に見せる方法

金めっきや銀めっきは、本物の金や銀にではなく、もっと安い金属の表面に金や銀をめっきしています。めっきという言葉は英語のように聞こえますが、実は日本語です。英語ではPlating（プレーティング）といいます。めっきは、金や銀だけではなく、銅めっきもありますし、ニッケルめっき、クロムめっきなどもあります。銅メッキは、電気の回路などを作るときにも使われますし、クロムめっきやニッケルめっきは、鉄の表面にめっきして、表面を非常に硬くしたり、錆なくしたりすることに使われています。実際のところは鉄というよりも鉄に炭素やいろいろな元素を混ぜ込んで作られた鋼と呼ばれるものですが。

めっきは原理的に電気を利用することから、電気を通す金属しかめっきができないと思われますが、同じような原理で電子を利用する無電解めっきがあります。これは、表面に特殊な処理を施して、塗装のような効果を持たせるものです。この方法によって、プラスチックにもめっきができます。ただ問題は、表面にめっきができても、プラスチックは表面がつるつるしているため、めっきが剥がれてしまうことです。このめっきをプラスチックに固定させるために、プラスチック表面にミクロの穴をいくつも作って、投錨効果で固定するようにします。具体的な方法としては、プラスチックに含まれているある物質だけを溶け出させることができれば可能です。そこで都合がいいプラスチックがABS（アクリロニトリル・ブタジエンゴム・スチレン）です。このABSからブタジエンゴムだけをエッチングという方法で、表面から溶かし出して孔を作って、これにアンカー（投錨）効果を持たせるのです。最近では、ABSと他のプラスチックの混合体やポリプロピレンなどにもめっきができるようになっています。自動車や家電部品など、いろいろな加飾として多く使われています。また、金属を真空中で蒸発させて、プラスチックの表面に付着させる方法もあります。

要点BOX

- ●金属に見えるプラスチックのめっき
- ●投錨効果でプラスチックに固定

プラスチックのめっき

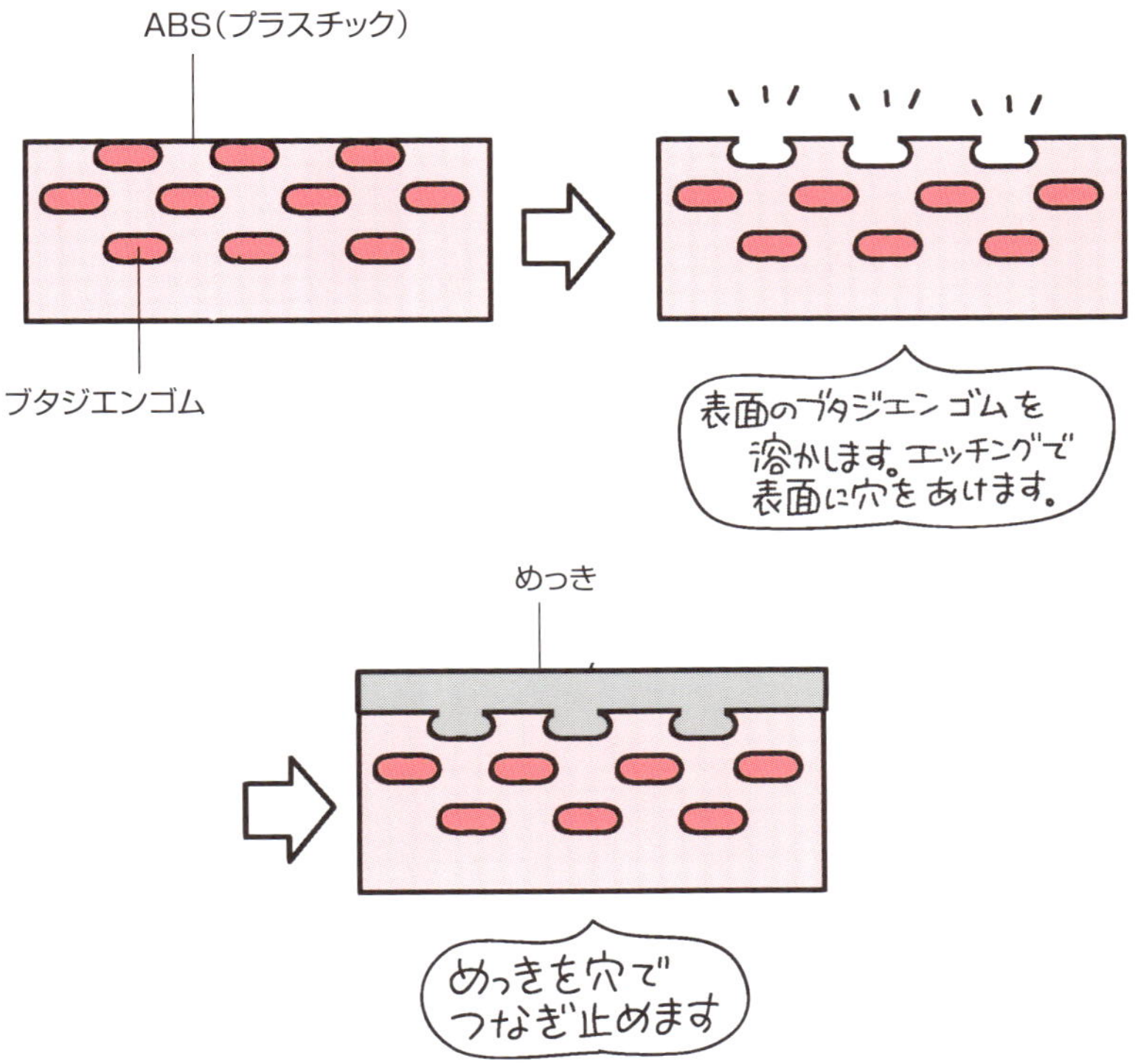
ABS（プラスチック）
ブタジエンゴム
表面のブタジエン ゴムを溶かします。エッチングで表面に穴をあけます。
めっき
めっきを穴でつなぎ止めます

フロントグリルやドアノブ、モールなどめっきが使われています

Column

加飾する意味

一夜漬けで学んだことや、ちょっとかじってわかったつもりになって、知ったかぶりをすることを、付け焼刃といいます。取りあえずの暫定的な知識で、本当には役に立たない知識です。これをもっと延長すると、本当のことではないのに、自分では思い込んで、結果的に、粉飾や詐欺にまでなったりすると、めっきが剥げたともいいます。純金ではなくめっき品から来ている言葉です。

めっきに限らず、接着や塗装も同様のことがいえるでしょう。逆にいうと、プラスチックであっても、剥がれずに上手にめっきや塗装がされると、本物にも見えます。

モノづくりは、合理的、経済的なものばかりではありません。人間は、美術や音楽のように、見たり聞いたりして美しいものに癒されるのです。人間の幸福度を数値で表すことが試みられていますが、人は綺麗なものにも価値を見出します。だから、綺麗なものにも高い価値がつけられるのですが、残念ながら、我々凡人には、本物には手を出せないことが常です。ですので、当然、本物でなくても、本物に近い美を求め、そのためにいろいろな方法を考えています。簡単に剥がれない塗装やめっき、簡単に壊れない接着などです。綺麗な人、かっこいい人が好まれる……という前に、綺麗、かっこいいとは何か、なぜそう感じるのか……など、現代の脳科学が挑戦しているところです。

もうずい分昔ですが、男女同権運動が活発であったころ、なぜ女性だけが化粧するのか？　と反発する声もありました。しかし今では男性用化粧品はあたり前ですし、おしゃれは大切ですよね。単に機能的な面での効率性だけを求めるのではなく、見た目や触感などの五感を満足させるための技術も求められているのです。

第9章

プラスチック成形品のリサイクル

60 腐らないプラスチック

プラスチックは錆びない、腐らないが取り柄だった

プラスチックには、強い、軽い、錆びない、腐らないなど、いろいろなメリットがあります。しかし、腐ってくれないと自然界では問題になります。

木々から落ちる木の葉や春咲く桜の花びらは、毎年落ちて溜まっても、そのうちに腐って自然に戻ってくれます。腐るので埋めても問題にならず、これまでの自然の時間の中で、繰り返しができていました。しかし、プラスチックは埋めても腐らずに残り続けます。それが問題なのです。成形されて使用された後の、使用済みの処理はどうなるのでしょうか。

洗濯物を干すときに使う洗濯ばさみなどは、使っているうちにボロボロになってしまうので、腐っているように思えます。しかし、これはプラスチックの長い高分子が、紫外線によって切断されてもろくなったもので、腐ったわけではありません。バクテリアによって分解されて腐ってくれれば、また自然界に戻りますが、バクテリアも食べてくれません。バクテリアが食べてくれないので腐らないという特徴があるのですが、これが逆にアダになっています。実は、バクテリアが高分子の一部を食べて分解するようなプラスチックも開発されてはいます。これについては、のちほど説明します。

腐らないのであれば、燃やしてしまえばいいように思いますが、燃やすことにも、問題があります。プラスチックは、もともと石油から作られているので、燃やすとよく燃えすぎるのです。燃えすぎるとどうなるかというと、ごみ焼却場の焼却炉の温度が高くなり過ぎて壊れてしまうこともありますし、温度が高いとひととき大問題となったダイオキシンの発生にもつながります。ですから、簡単に燃やしてしまえ、というわけにもいかず、焼却装置の都合と相談しなければならないという厄介な問題があります。使える時期は終わって、もう使いものにならなくなってしまったので、「ではバイバイ」と簡単に別れましょう……とはいかないのです。

要点BOX
- ●長持ちするように作られたプラスチック
- ●価値観が変わるのは時代の流れ
- ●自然破壊に気づいて

プラスチックが廃棄されると…

61 プラスチックの廃棄処理

腐らないものを発明した代償

プラスチックに限らず、廃棄物をどんどんと捨てていたのでは、ごみ処理場もなくなってしまい、私たちの生活環境が壊れてしまいます。この問題に対する活動として、三つのRがあります。三つのRとは、Reduce（ごみを減らそう）、Reuse（繰り返し使おう）、Recycle（資源として再利用しよう）というものです。まず、減らして、再利用し、それで残ったら何らかの形でリサイクル（回収）しようというものです。

プラスチックは、ごみとしては腐らないという問題があるため、この3R活動は大切です。そこで、プラスチックの3Rとしては、どんなことがされているのか、いくつかの例を見てみましょう。

Reduce（減らそう）ということに対しては、スーパーマーケットなどで使われているレジ袋を有料化することで減らそうという活動もそれです。海外では、すでにコンビニでも有料化している国があります。カップ麺などのカップもプラスチックではなく紙製のものも使われてきています。また、最近では、飲料用のPETボトルの肉厚が薄くなって、飲んだ後、手でくしゃくしゃと小さくして捨てられるものも出ています。これも薄くして使用するプラスチックの量を減らすことに役立っています。

Reuseとしては、ガラス瓶などのように洗って再利用できそうなものは（ペットボトルですが）、実際には容易ではありません。なぜかというと、ペットボトル飲料はワンウェイなので、傷つけずに回収することが難しいことと、潰さずに回収すると空気を運ぶようになって非経済的だからです。しかし、プラスチックのコンテナを折り畳み方式などとして、運搬が終わったあとは小さくすることで、また洗って使えるようにしているものもあります。

Recycleの方法としては、マテリアル・リサイクル、ケミカル・リサイクル、サーマル・リサイクルがありますが、これはつぎに説明します。

要点BOX
- ●ごみは、出さない、使いまわす、リサイクル
- ●減らす、再使用、リサイクルの3R

リデュース・リユース・リサイクルキャンペーンマーク

リデュース・リユース・リサイクル推進協議会では、リサイクル社会の構築を目指して3Rを推進しています。

中国でも、街中では、リサイクルできるもの(可回収物)は、分別回収されています。

リデュースの例

これは、あるメーカの海外(タイ)での飲料水のPETボトルの例です。日本とおなじように薄いものが使われています。中国でも同様です。

62 三つのリサイクル

どうやって自然を味方につけるか

プラスチックに関わる三つのRのうちの2R、Reduce、Reuseはすでに説明しました。ここでは、残ったRecycleについて紹介します。

プラスチックのリサイクルの方法は、マテリアル・リサイクル（材料リサイクル）、ケミカル・リサイクル（化学的リサイクル）、サーマル・リサイクル（エネルギー回収）の三つに分類されます。マテリアル・リサイクルは、本来の材料のまま再使用しようとするものです。ケミカル・リサイクルは、それでも再使用できなかったものを、化学的に分解して、他の物質に変化させて使おうとするものです。そして、それでも使えなかったものは、燃やすなどして、エネルギーとして回収（リサイクル）しようというものです。

マテリアル・リサイクルとしては、射出成形したときに出てくるランナーなどの製品でない部分を粉砕して再利用することなどです。これは基本的なところです。いろいろな廃プラスチックを混ぜると、うまく混ざらなかったり分離したりして使い物になりません。ですから、ある程度は素性の似たもの同士を使う必要がありますが、それでも本来のプラスチックの性能からは落ちてしまうので、性能や外観などを要求されるものには使えず、園芸品やベンチなどに成形されています。ペットボトルや発泡スチロールのトレイなどは、スーパーマーケットでも回収されています。これらは、材料が同じなので、洗浄、粉砕されて、また材料に戻されます。

ケミカル・リサイクルは、プラスチック自体が、ほとんど炭素と水素でできているので、これをコークスに変えたり、高分子になる前の状態にまで戻して、それから再利用しようとするもので、なかなか難航しています。サーマル・リサイクルは、最近では焼却設備も改良され、燃やされたエネルギーを地域や銭湯の湯として使ったり、発電して電気として回収したりなどの方法がとられています。

要点BOX
- ●物理的なリサイクル、化学的なリサイクル
- ●最後は、燃やしてエネルギー

三つのリサイクル

マテリアルリサイクル

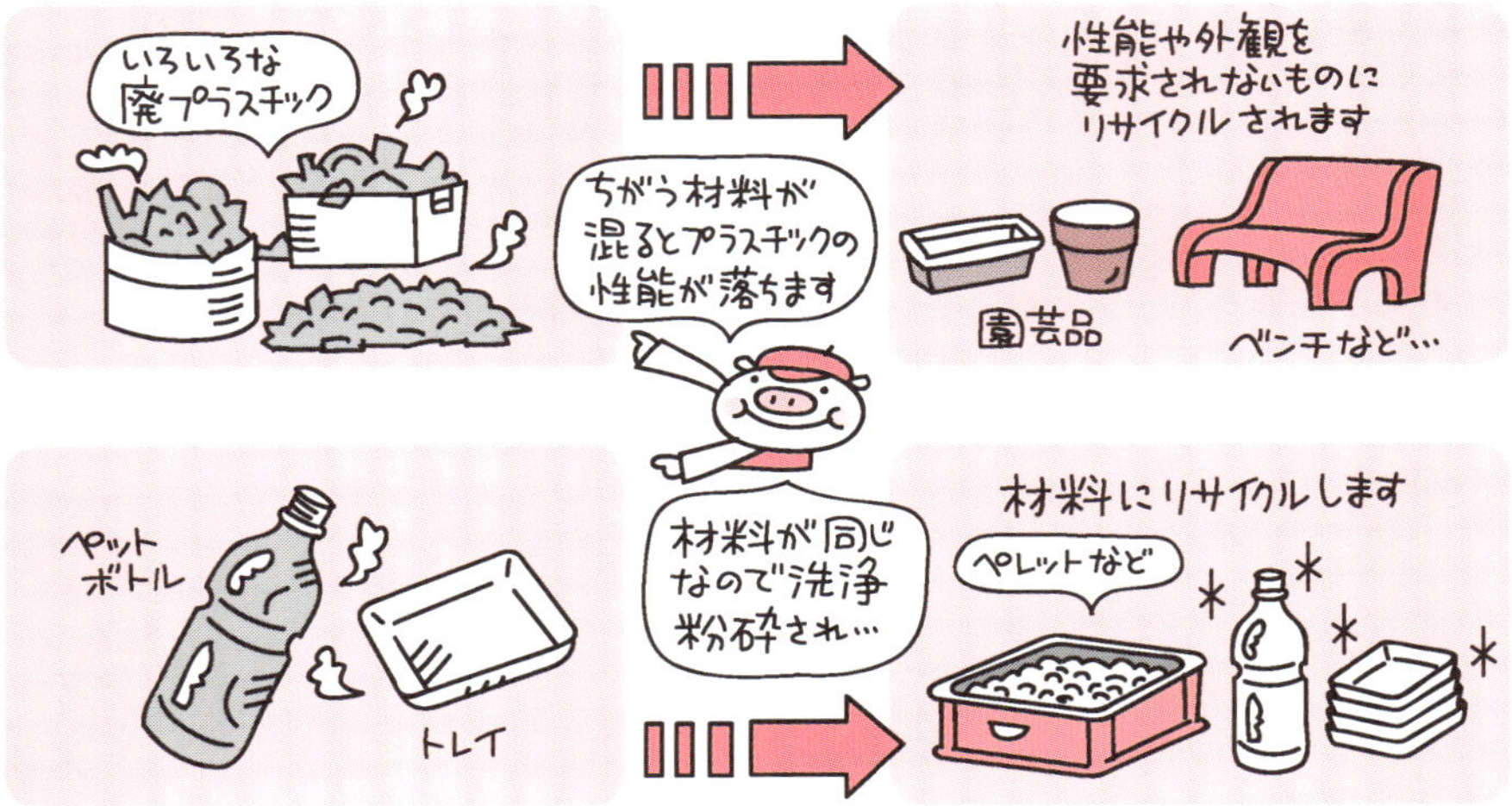
いろいろな廃プラスチック
ちがう材料が混るとプラスチックの性能が落ちます
性能や外観を要求されないものにリサイクルされます
園芸品
ベンチなど…
ペットボトル
トレイ
材料が同じなので洗浄粉砕され…
材料にリサイクルします
ペレットなど

ケミカルリサイクル

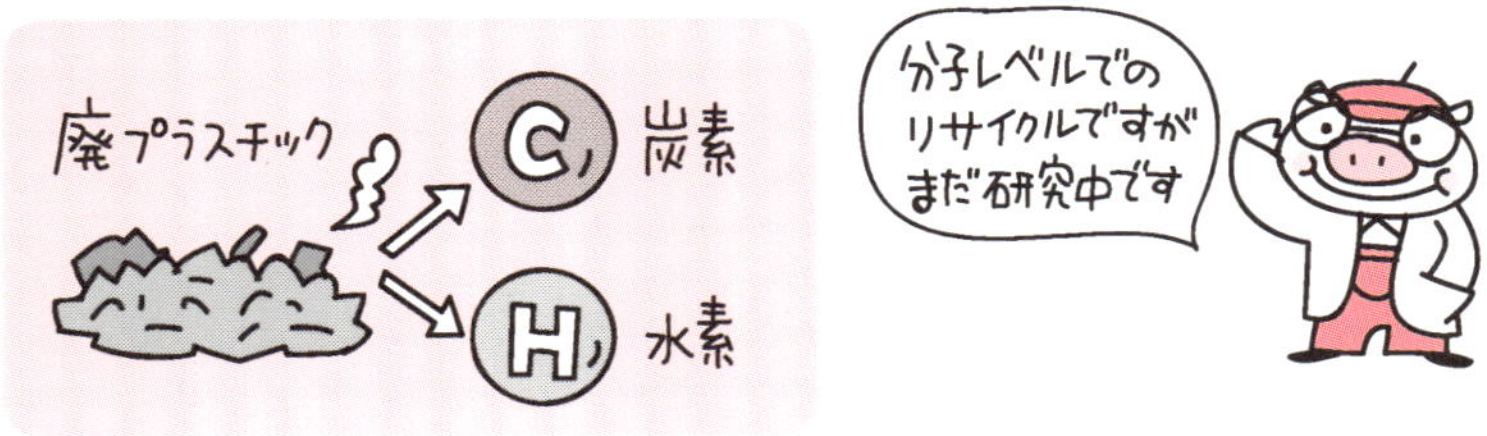
廃プラスチック
C
炭素
H
水素
分子レベルでのリサイクルですがまだ研究中です

サーマルリサイクル

熱
ゴミ焼却場
銭湯
発電

63 プラスチックの表示

国によって違う材料表示

　皆さんもプラスチック製容器などに、プラスチックの記号（マーク）が書かれているのを見たことがあると思います。ただ、おかしなことに、「PET」は、ごみ箱などでも見かける三角形の矢印リサイクルマークに囲まれた「1」の文字に、そのマークの下にPETと書かれています。これはペットボトル（清涼飲料水、醤油、酒類）に表示が義務付けられているものです（資源有効利用促進法）。しかし、それ以外は、二つの矢印で囲まれた「プラ」の近くに、PP、PSなどの材質が書かれることになっています（容器包装リサイクル法）。これは、指定PETボトルのリサイクル方法が、他のプラスチックに比べて特別だからです。その特別な理由とは、リサイクル方法が技術的、経済的に確立されていることです。カップ麺にも、発泡スチロールタイプや紙タイプがあると説明しましたが、紙の場合には、斜めの楕円状の二つの矢印で囲まれた「紙」で表示されています。スーパーマーケットやコンビニで、いろいろなプラスチックの表示を見てみると面白いと思います。

　実は、このマークは日本の場合で、アメリカでは、PETの識別マークは、PETEとなっています。また、その他のプラスチックにも、PETE同様のマークが、番号と共に表示されていますが、これはアメリカの規格で、日本では任意表示となっています。その他、国によってプラスチックの種類の表現は多少異なりますが、基本的には似ているものとなっています。

　プラスチックのリサイクルには、リサイクルのための設備だけではなく、リサイクル品を回収するシステムも必要になります。これは技術面だけの話ではなく、行政面の話でもあり、個々人の理解度、協力度にも影響を受けます。ちなみに、PETボトルのキャップは、PETではなくPE（ポリエチレン）製がほとんどです。これをPET製にできれば、リサイクルの話も簡単なのですが、キャップをPETにすると、硬すぎてシール性に問題が出てきます。

要点BOX

- ●プラスチックのリサイクルも法律
- ●表示は、リサイクル方法にも影響
- ●国によって違う表示

プラマーク

プラスチック製容器包装識別表示マーク（飲料・酒類・しょうゆ用のPETボトルを除く）
プラスチック製容器包装の表示。飲料ではキャップやラベルが対象になります。

プラマーク表示義務
2001年4月より表示が義務づけられました。
容器包装リサイクル法

PETボトル識別表示マークは資源有効利用促進法によって、1991年10月より表示が義務づけられています。

ペット樹脂を使用した石油製品。清涼飲料、しょうゆ、酒類、乳飲料用のPETボトルには、ラベル部分やボトルの底にこのマークがついています。

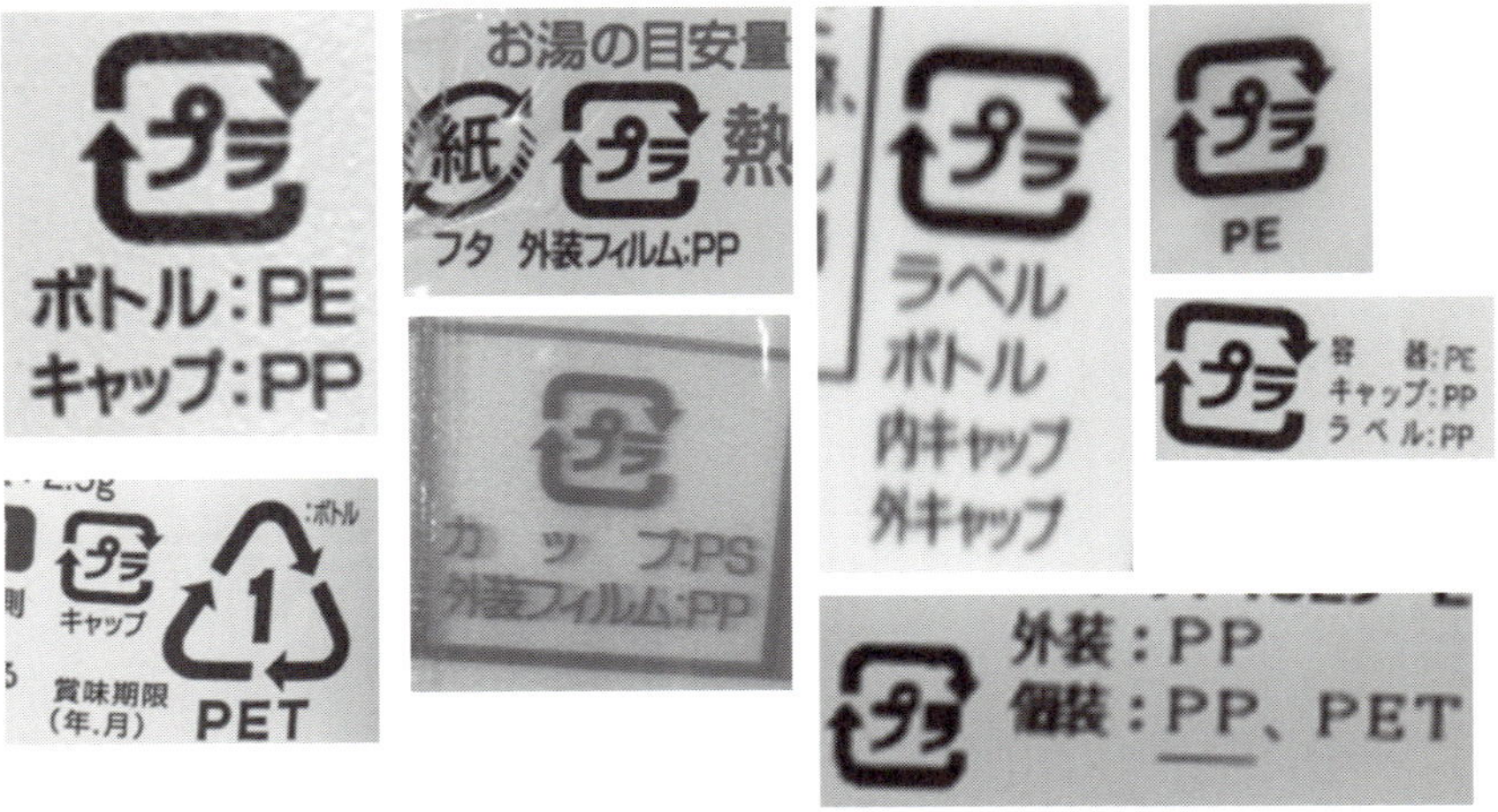

実際に容器などに記されている例です。

64 ペットボトルと発泡スチロールのリサイクル

ペットボトルと発泡トレイは日常生活の一部

ペットボトルや発泡スチロールが回収されたとしても、それらをそのまま溶かして再生する、というわけにもいきません。たとえばボトルはPET製だけでなく、ポリエチレンや塩化ビニル製のものもありますし、着色されているものもあります。また、汚れているものや、キャップのついたもの、吸い殻などのごみが入ったものなどもあるでしょう。

再生して利用するには、異物があると物性が確保できなくなるばかりではなく、物質が分離して使いものにならないことにもなりかねません。そのため、地方自治体で回収されたボトルは、一旦手作業で分別、圧縮して、リサイクル業者に運ばれます。リサイクル業者では、それをコンベアで流しながら光選別によって、塩ビ製や色のついたものなどを除去します。そして、さらに異物などが混じっていないか手作業で分別したのち、やっと粉砕機にかけてフレーク状にします。その後、洗浄し、風力や液体などで比重分離をして、やっとPETのフレークだけを取り出すのです。そのフレーク材から、押出し機を使ってペレットにします。そのペレットは、シート、バッグ、カーペット、シャツなどの原料として使われます。本来のペットボトル用の材料として使うには、物性を調整しなければならないので、物理的なマテリアル・リサイクルだけではできないこともあります。その場合には、フレーク材を一旦ケミカル・リサイクルとして、PETになる前の状態まで戻して再利用する方法がとられます。これが、ボトルtoボトルなのです。

リサイクルといえども、本来のところまで戻すということは大変な状況であることが理解できます。ちなみに、ペットボトルのキャップは、ポリエチレン製です。文字では、最後にTがついているかいないかの違いですが、物質としては全く違う材料なので、混合しては使えません。キャップは別途世界の子供たちを救うために、ワクチンを購入する活動としてもよく知られていますね。

要点BOX

- ●リサイクル使用されているPET
- ●PETとは別の、PEキャップリサイクル運動

PETボトルのリサイクル

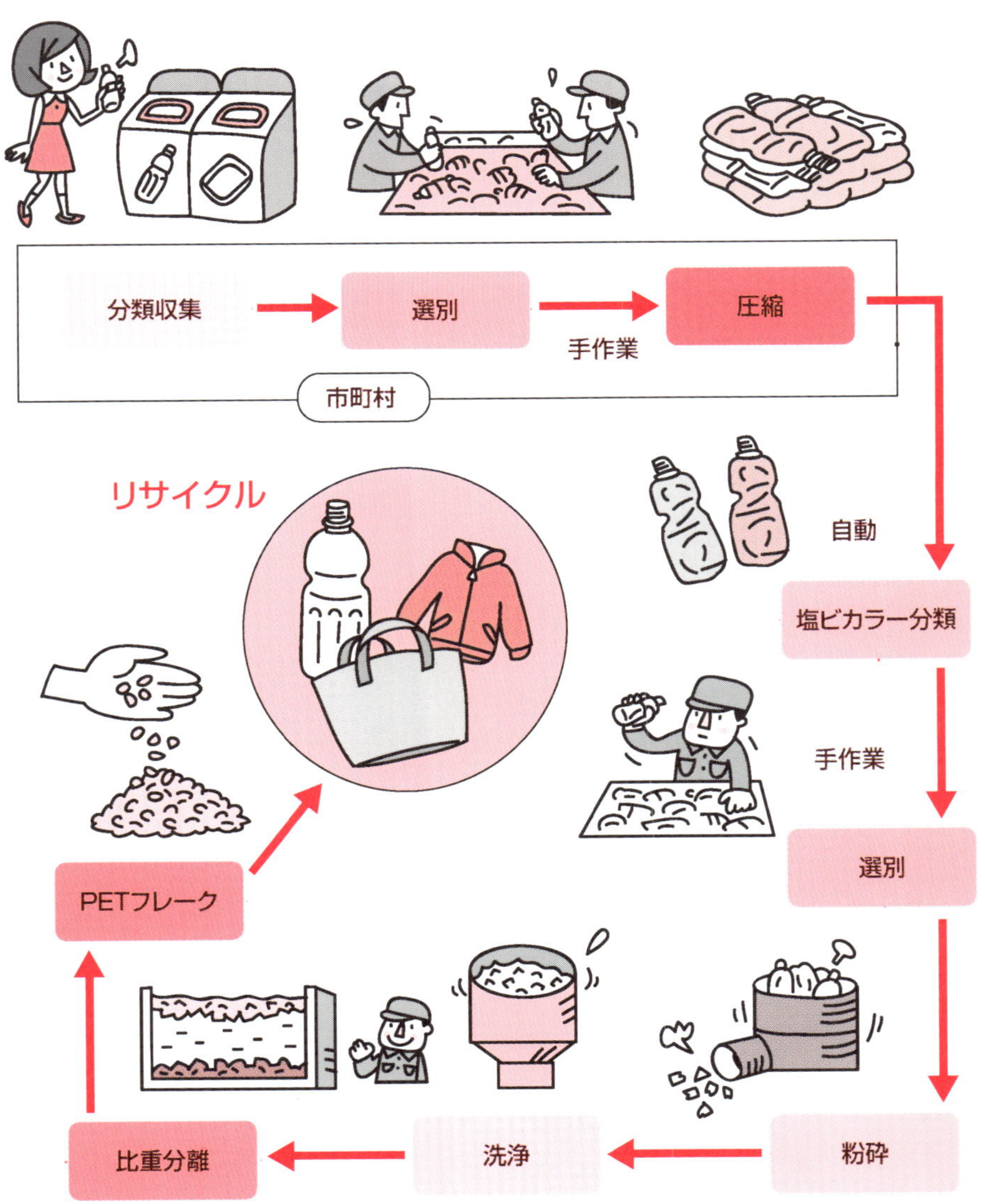

65 バイオプラスチック

どうやって自然から作るか、どうやって自然に戻すか

皆さんは、バイオ燃料という言葉を耳にしたことがあると思います。サトウキビやとうもろこしなどを発酵、濾過してエタノールというアルコールを作って、ガソリンの代わりに使う自動車用代替燃料です。石油資源の枯渇化の懸念が問題として発生したことで、石油価格が上昇したため、開発されました。石油由来の燃料に比べて、二酸化炭素の発生が少ないという観点から、地球温暖化対策としても効果があると考えられています。このように、再生可能な有機資源（植物はこれにあたります）を利用して作るものとして、バイオマスがあります。すなわち、先ほどのバイオ燃料は、バイオマス燃料のことなのです。石油から作ったエタノールも、このバイオマス燃料のエタノールも化学的には同じです。このバイオマスのエタノールからプラスチックを作ったものが、バイオマスプラスチックなのです。

ですので、バイオマスプラスチックは、廃棄問題よりは、地球温暖化問題対策との関係が強いといえます。

では、バイオプラスチックとバイオマスプラスチックの違いはあるのでしょうか？　実は、バイオマスプラスチックは、バイオプラスチックに含まれていて、バイオプラスチックには、もうひとつ別の意味のものがあります。

それは、使用後に放置しても、バクテリアなどによって生分解して自然に戻るという、いわば腐るプラスチックのことなのです。生分解プラスチック、いわゆるグリーンプラスチックと呼ばれています。自然界に戻るということは、単にプラスチックが分解して小さくなるだけとは異なり、分子のレベルまで小さくなって最終的には、二酸化炭素と水のレベルなどの極小レベルにまで戻ることなのです。この作り方は、生物を使って作らせる方法、でんぷんやキトサンなどから作る方法、そして化学的に合成する方法があります。射出成形やシートなどから、食品容器、ごみ袋、包装シート、緩衝材などに使われていますが、まだコスト的には高いのが難点です。

要点BOX

- ●自然から人工的に作られるバイオマスプラスチック
- ●自然に戻す生分解性プラスチック

バイオマスの意味

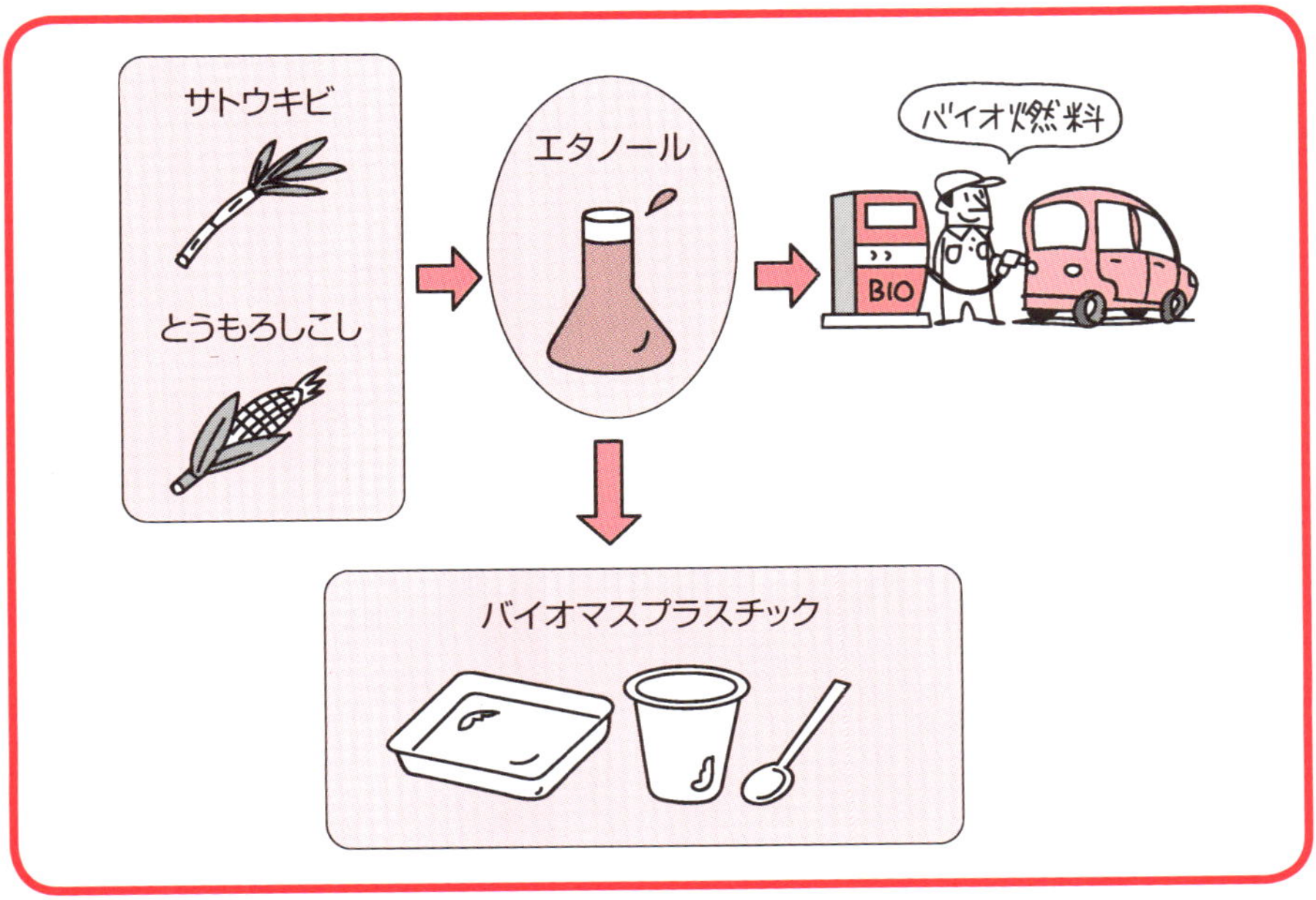

生分解性プラスチック

Column

プラスチックの光と影

我々の生活レベルは、時代の進歩とともに向上しています。プラスチックはその利便性の向上に一役買っています。しかし、プラスチック製品には、ワンウェイとして長らく使い捨てられていた時代がありました。そして、腐らないことが災いし、陸でも海でも山でも、問題を起こし、生態系にも悪影響を与え続けたことに気づきました。

その問題解決の一手段として燃やすと、今度はダイオキシンの発生が大問題となったほか、二酸化炭素の増大が温暖化を促進するなど、自然の循環サイクルを狂わせる原因として糾弾されるようになってしまいました。これは、自分達の子供たちや孫たちの時代までも影響を与える問題です。我々は、便利さのつけとして、今、その対処方法をどのように行っていくか迫られています。このつけを払うのには多額の費用がかかります。この費用を、経済的かつ効率的にどうやって取り込んでいくのか、という課題もあります。

バイオマスについて少し説明しましたが、プラスチックも石油に頼るのではなく、自然を利用して、プラスチックが生みだす段階から、廃棄されて消滅していく段階までを総合的に、技術と自治体を含む活動、ときには政治的な判断も必要になってきます。

しかし、人間というのは偉大な生物だと思います。自分達の将来を見据えて、先を考えて行動できるのは、人間以外にいません。これは、ものすごく素晴らしい能力ではないでしょうか。

ところで、材料といえば技術的に熱可塑性樹脂、熱硬化性樹脂……という言葉を使いたいのですが、本書の目的を考えて、あえて樹脂をプラスチックに置き換えて記述しています。

【参考文献】

「やさしいプラスチック成形の加飾」中村次雄・大関幸威著、三光出版社、1998年
「印刷の最新知識」尾崎公治・根岸和広著、日本実業出版社、2003年
「シグマベスト、解明　新化学」稲本直樹著、文英堂、1983年
「射出成形加工の不良対策第2版」横田　明著、日刊工業新聞社、2012年
「図解 プラスチック成形加工」松岡信一著、コロナ社、2004年
「プラスチック添加剤活用ノート」皆川源信著、工業調査会、1996年
「熱成形技術入門」安田陽一著、日報出版、2000年
「成形加工技術者のためのプラスチック物性入門」廣江章利・末吉正信著、日刊工業新聞社、1996年
「プラスチック成形加工入門」廣江章利・末吉正信著、日刊工業新聞社、1980年
「成形加工における移動現象」プラスチック成形加工学会編、シグマ出版、1997年
「プラスチックの二次加工」山口章三郎著、日刊工業新聞社、1973年
「プラスチック加工の基礎」高分子学会編、工業調査会、1982年
「プラスチックの成形加工」山口章三郎著、実教出版、1977年
「プラスチック加工技術ハンドブック」高分子学会編、日刊工業新聞社、1995年
「実用プラスチック辞典」実用プラスチック辞典編集委員会、産業調査会、1993年
「分子の造形 やさしい化学結合論」Linus Pauling/Roger Hayward著、木村健二郎・大谷寛治訳、丸善、1984年
「Nikkei Materials & Technology」93.6 no.130　特集汎用プラスチックは進化する　高田憲一、プラスチックス Vol.44、No.2
「プラスチックス」Vol.50、No.6、新プラスチック考　中条澄
「プラスチック成形材料商取引便覧」化学工業日報社、2001年
「図解プラスチックがわかる本」杉本賢治著、日本実業出版社、2003年

帝人メトン社　カタログ
「印刷の最新常識　しくみから最先端技術まで」尾崎公治・根岸和広悦著、日本実業出版社、２００１年
「ユーザーのためのプラスチックメタライジング」友野理平著、オーム社、１９５３年
「知りたい射出成形」日精樹脂インジェクション研究会著、ジャパンマシニスト社、２０００年
「初歩から学ぶプラスチック接合技術」金子誠司著、工業調査会、２００５年
「熱成形技術入門」安田陽一著、日報出版、２０００年
「プラスチック成形品設計」青木正義著、工業調査会、１９８８年
「実例にみる最新プラスチック金型技術」武藤一夫・河野泰久著、工業調査会、１９９７年
「プラスチック押出成型の最新技術-応用から自動化まで」澤田慶司著、ラバーダイジェスト社、１９９３年
「プラスチック成形技術」第16巻、第５号、横田　明、１９９９年
「やさしいレオロジー」村上謙吉著、産業図書、１９８６年
「プラスチック成形加工学Ⅱ　成形加工における移動現象」梶原稔尚・佐藤勲・久保田和久・濱田泰以・小山清人著、シグマ出版、1997年
「初めて学ぶ基礎材料学」宮本武明監修、日刊工業新聞社、２００３年
「実践成形技術とその利用法」プラスチックス編集部編、工業調査会、２００３年
「プラスチック成形加工学会テキストシリーズ　プラスチック成形加工学Ⅰ　流す・形にする・固める」プラスチック成形加工学会編、シグマ出版、１０９６年
「射出成形品の高度化」P18、技術指導施設費補助事業技術普及講習会用テキスト、四辻晃・殿谷三郎・小松原勤・泊清隆・川口正著、１９８１年
日精超高速充填射出成形機カタログ
コマツ精密射出成形機カタログFKSHG
「加熱と冷却」伊藤公正著、工業調査会、１９７１年
「コストダウンのための金型温度制御」浜田　修著、シグマ出版、１９９５年
「中小企業経営の新視点」商工総合研究所編、中央経済社、１９９３年
「技能検定受検の手びき」廣恵章利著、シグマ出版、１９９４年

「プラスチック成形技能検定 平成4年度公開試験問題集の解説」廣恵章利著、三光出版社、1993年
「プラスチック成形技能検定 模擬試験問題80問」中野一著、三光出版社、1990年
「プラスチック成形技能検定の解説特級編」全日本プラスチック成形工業連合会編、三光出版社、1989年
「特級技能検定受験テキスト特級技能検定」受験研究会編、日刊工業新聞社、1989年
「トコトンやさしいバイオプラスチックの本」日本バイオプラスチック協会編、日刊工業新聞社、2009年
「わかりやすい押出成形技術」沢田慶司著、丸善出版、2011年
「実践 高付加価値プラスチック成形法」奮橋章著、日刊工業新聞社、2008年
「トコトンやさしい金型の本」吉田弘美著、日刊工業新聞社、2007年
「トコトンやさしいプラスチックの本」本山卓彦・平山順一著、日刊工業新聞社、2003年
「図解でわかるプラスチック」澤田和弘著、ソフトバンククリエイティブ、2008年
「図解プラスチックの話」大石不二夫著、日本実業出版社、1997年
「設計・開発者のための回転成形 技術ハンドブック」スイコウー㈱技術資料
「よくわかる接着技術」セメダイン著、日本実業出版社、2008年

●著者略歴

横田　明(よこた あきら)

技術士(化学部門、高分子製品)、特級プラスチック成形技能士
1977年　慶應義塾大学工学部機械工学科卒業
1991年　プラスチック成形加工学会技術賞受賞
1992年　日本合成樹脂技術協会賞受賞
1993年　特級プラスチック成形技能士合格
1993年　特級プラスチック成形技能士神奈川県最優秀賞受賞
1994年　技術士(化学部門、高分子製品)合格

日本製鋼所およびコマツにて射出成形機の設計開発、成形技術開発および人工知能(成形技術)の研究に携わる。上級主任研究員。射出成形工場統括責任者として子会社へ出向、成形工場の管理、合理化、品質向上、コストダウンなどを実施。射出成形技能士の育成および社内外の成形不良対策、成形効率化など多数。

現在、外資系大手メーカーにて中国、タイ、インドなどアジア地区を中心に、アジアで唯一のシニア・テクニカルフェローとして活動中。

【主な書籍】

攻略!「射出成形作業」技能検定試験、射出成形加工の不良対策、絵とき「射出成形」基礎のきそ、射出成形加工のツボとコツQ&A、現場で役立つ射出成形の勘どころなど、以上、日刊工業新聞社

今日からモノ知りシリーズ
トコトンやさしい
プラスチック成形の本

NDC 578.46

2014年6月27日　初版1刷発行
2021年4月 9日　初版8刷発行

©著者　横田　明
発行者　井水 治博
発行所　日刊工業新聞社
東京都中央区日本橋小網町14-1
(郵便番号103-8548)
電話　書籍編集部　03(5644)7490
販売・管理部　03(5644)7410
FAX　03(5644)7400
振替口座　00190-2-186076
URL　https://pub.nikkan.co.jp/
e-mail　info@media.nikkan.co.jp
印刷・製本　新日本印刷(株)

●DESIGN STAFF
AD――――志岐滋行
表紙イラスト――――黒崎　玄
本文イラスト――――輪島正裕
ブック・デザイン――――奥田陽子
(志岐デザイン事務所)

●
落丁・乱丁本はお取り替えいたします。
2014 Printed in Japan
ISBN　978-4-526-07270-3 C3034

●定価はカバーに表示してあります